Lotfi Mouni
Lazhar Belkhiri

Analyse physico-chimiques des eaux de l'oued soummam(Algerie)

Lotfi Mouni
Lazhar Belkhiri

Analyse physico-chimiques des eaux de l'oued soummam(Algerie)

Étude et caractérisation physico-chimiques des eaux du Bassin versant de la Soummam (Algérie)

Presses Académiques Francophones

Impressum / Mentions légales

Bibliografische Information der Deutschen Nationalbibliothek: Die Deutsche Nationalbibliothek verzeichnet diese Publikation in der Deutschen Nationalbibliografie; detaillierte bibliografische Daten sind im Internet über http://dnb.d-nb.de abrufbar.
Alle in diesem Buch genannten Marken und Produktnamen unterliegen warenzeichen-, marken- oder patentrechtlichem Schutz bzw. sind Warenzeichen oder eingetragene Warenzeichen der jeweiligen Inhaber. Die Wiedergabe von Marken, Produktnamen, Gebrauchsnamen, Handelsnamen, Warenbezeichnungen u.s.w. in diesem Werk berechtigt auch ohne besondere Kennzeichnung nicht zu der Annahme, dass solche Namen im Sinne der Warenzeichen- und Markenschutzgesetzgebung als frei zu betrachten wären und daher von jedermann benutzt werden dürften.

Information bibliographique publiée par la Deutsche Nationalbibliothek: La Deutsche Nationalbibliothek inscrit cette publication à la Deutsche Nationalbibliografie; des données bibliographiques détaillées sont disponibles sur internet à l'adresse http://dnb.d-nb.de.
Toutes marques et noms de produits mentionnés dans ce livre demeurent sous la protection des marques, des marques déposées et des brevets, et sont des marques ou des marques déposées de leurs détenteurs respectifs. L'utilisation des marques, noms de produits, noms communs, noms commerciaux, descriptions de produits, etc, même sans qu'ils soient mentionnés de façon particulière dans ce livre ne signifie en aucune façon que ces noms peuvent être utilisés sans restriction à l'égard de la législation pour la protection des marques et des marques déposées et pourraient donc être utilisés par quiconque.

Coverbild / Photo de couverture: www.ingimage.com

Verlag / Editeur:
Presses Académiques Francophones
ist ein Imprint der / est une marque déposée de
OmniScriptum GmbH & Co. KG
Heinrich-Böcking-Str. 6-8, 66121 Saarbrücken, Deutschland / Allemagne
Email: info@presses-academiques.com

Herstellung: siehe letzte Seite /
Impression: voir la dernière page
ISBN: 978-3-8416-3114-5

ANALYSE PHYSICO-CHIMIQUES DES EAUX DE L'OUED SOUMMAM

INTRODUCTION

Les villes, l'agriculture et l'industrie rejettent, volontairement ou accidentellement, de manière concentrée ou répartie, d'importantes quantités de matières et de chaleur dans les eaux de surface, en particulier dans les rivières. On cherche généralement ainsi à évacuer et à disperser des déchets.

Il est souvent bien difficile de faire la part du naturel et de l'artificiel dans des cours d'eau soumis depuis des siècles à l'influence humaine. Cette influence ne se manifeste d'ailleurs pas seulement par des rejets d'eaux usées mais aussi, par exemple, par la transformation physique des bassins versants et du lit des rivières. Certaines circonstances exceptionnelles permettent cependant de mesurer la pression exercée sur les cours d'eau du fait de l'activité humaine [1].

La vallée de la Soummam, avec une superficie de 8800 km^2 reçoit une quantité importante d'eau, estimée à environ 700 millions de m^3 par an.

En fait, on compte 05 unités industrielles potentiellement polluantes dans la vallée et ces dernières déversent au total un volume estimé à 4804,5 m^3/j. On compte également plus de 47 stations de lavage graissage, qui déversent leurs eaux usées directement dans l'oued sans aucun traitement préalable.

D'autre part, la quantité d'eaux usées domestiques déversée dans l'oued est importante, elle est de l'ordre de 29810 m^3/j. De même les décharges non contrôlées investissent la vallée et reçoivent une quantité très importante de déchets solides estimée à 24195 m^3/j.

A cela s'ajoute la sécheresse en période d'été et la diminution du débit de l'oued suite à l'utilisation des eaux de l'oued comme source d'irrigation.

Tous ces facteurs peuvent engendrer des répercussions sur la santé des riverains en leur causant des maladies à transmission hydrique ainsi que le problème d'odeurs nauséabondes. Le risque de contamination de la nappe phréatique n'est pas aussi écarté suite aux infiltrations qui peuvent avoir lieu.

Par ailleurs les berges sont mises à nu par le défraichissement des terres. Ce phénomène engendre en période de précipitation le débordement de l'oued ce qui provoque l'élargissement du lit de l'oued en même temps son fond diminue. L'oued Soummam se déverse dans le golf de Bejaia ce qui a entraîné des effets néfastes sur le milieu marin.

De ce fait, l'étude et la caractérisation physico-chimique des rejets dans l'oued Soummam sont déterminantes, afin d'avoir une vision claire sur l'impact des effluents industriels et domestiques, ainsi que l'origine et le type de pollution que subit l'oued.

Conformément au plan de travail élaboré dans le cadre de ce projet, ce rapport comporte :
- Collecte des données et élaboration d'une cartographie de l'oued Soummam avec les différents sites de rejets.
- Identification des différents polluants.
- Elaboration d'un programme d'échantillonnage.
- Etude et analyse physico chimique des eaux des puits situés le long de l'oued soummam
- Analyse des eaux usées urbaines de la ville de Béjaia
- Etude des eaux de rejet des stations services de lavage des véhicules

CHAPITRE. I

COLLECTE DES DONNEES SUR LE SITE DE L'OUED SOUMMAM

I.1. HISTORIQUE ET GENERALITES

L'oued Soummam où il n'y a pas très longtemps les amateurs de la pêche de poissons d'eau douce tapaient de la carpe ou du barbeau, parfois même du mulet qui entrait par le grand estuaire. La population de la vallée le prenait comme source de baignade et de divertissement étant donné que beaucoup d'espèces d'arbres jonchent les berges de l'oued.

Jusqu'à la fin des années 60 le lit de l'oued était peuplé de tamarix de laurier rose, et autres plantes aquatiques qui abritaient une faune variée. On observe encore des colonies de canard et d'oies sauvages, des poules d'eau et d'autres espèces d'oiseau.

Actuellement les eaux de l'oued Soummam, qui se déversent dans le golf de Bejaïa offrent le triste spectacle des rejets domestiques et industriels. L'oued Soummam qui serpente à travers plusieurs villages de la Wilaya de Bejaïa et qui est utilisé par certaines communes comme « fosse sceptique » n'est malheureusement pas isolé et il est devenu de nos jours un très grand réceptacle des eaux usées industrielles ainsi que d'eaux usées domestiques, même les décharges sauvages investissent la vallée.

I.2. PRESENTATION GENERALE DE LA VALLEE

I.2.1. POSITION DU SITE DANS L'ESPACE

La vallée de la Soummam se situe à environ 230 km à l'Est d'Alger et administrativement appartient à la Wilaya de Bejaïa, née du découpage de 1974.

Troisième fleuve d'Algérie, situé à la charnière de la petite et de la grande Kabylie, l'oued Soummam est formé de la confluence de l'oued Sahel qui descend des montagnes du Djurdjura et du plateau de Bouira, et de l'oued Bou Sellam qui descend du plateau Sétifien. Il se jette dans la mer Méditerranée à Bejaïa après un cours de 80 km environ orienté Sud Ouest - Nord Est [16].

La superficie du bassin versant de l'oued Soummam est d'environ 8800 Km^2 (à l'embouchure). Ce dernier couvre une région essentiellement montagneuse caractérisée par un réseau hydrographique très marqué et bien alimenté ayant provoqué des érosions profondes.

Les montagnes ne cessent qu'à quelques kilomètres de la mer. Le versant Nord, le plus abrupt est souvent bordé de terrasses alluviales fertiles ; la première ligne de crête culmine aux environs de 1000 m et les pentes varient entre 15 et 30% ; de nombreux torrents de faible bassin versant exception faite de l'oued Remila, dévalent les lignes de plus grandes pentes. Le versant Sud est constitué de collines plus basses s'élevant progressivement par une succession de croupes ; il est plus irrégulier et creusé par des oueds (Seddouk, Imoula, Amassine, Amizour) plus importants, ces pentes sont plus variables et souvent plus denses que celles du versant opposé, par contre les terrasses alluviales sont rares [16] .Le fond de la vallée proprement dit a une longueur moyenne de l'ordre de 2 Km avec des resserrements jusqu'à 100 m de largeur comme dans la gorge à l'amont de SIDI-AICH et des élargissements jusqu'à 4 ou 5 Km comme dans la région d'El Kseur ou la plaine de Bejaia à l'embouchure.

Les vois d'accès à la région sont nombreuses et diverses :

- Les voies terrestres sont : une ligne de chemin de fer et la route nationale RN.26, reliant Bejaïa aux grandes métropoles d'Alger et Constantine, des routes nationales RN.24, RN.12, RN.9 reliant respectivement Bejaïa à Alger par le littoral, Tizi-Ouzou et Sétif.

- Les voies auxiliaires sont : maritime à partir du port de Bejaïa et aérienne à partir de l'aéroport de Bejaïa Aban Ramdan [17].

I.2.2. LE COURS DE L'OUED SOUMMAM
I.2.2.1. DESCRIPTION DU LIT

D'aval vers l'amont le lit de l'oued Soummam présente :

- sur 11 km environ le long de la vallée, une zone de méandres et un lit bien dessiné entre Bejaïa où l'oued se jette dans la mer après un large coude incliné sur le rivage et oued Ghir.

La largeur de la vallée, grande en bordure de la côte, se réduit ensuite à 1 km, le remplissage alluvial est constitué de limons argilo-sableux implanté notamment en oliviers et vergers à l'amont, et en vigne, blé agrumes et maraîchage vers Bejaïa.

Le champ d'inondation reste limité sauf à proximité de Bejaïa.

- sur 13 km entre Oued Ghir et l'oued Amassine à 2 km à l'amont d'El-kseur, le lit continue à présenter une série de méandres mais les berges sont moins hautes et le lit moins bien dessiné que dans la partie avale.

La vallée est plus large (deux à trois km) et abrite la majeure partie des cultures du fond de la vallée, comprenant vignes, vergers, agrumes, maraîchages, céréales...etc.

Le champ d'inondation est large (1 à 1,5 km) jusqu'à l'oued Amassine (qui se jette dans la Soummam (à 2 km en amont d'El-kseur).

- sur 9 km, entre l'oued Amassine et l'oued Remila, on rencontre ensuite un lit moins marqué, présentant de nombreuses ramifications.

La vallée reste large mais ne présente pas partout des dépôts cultivables, elle est occupée en partie par un marais. Les cultures qu'on y rencontre sont analogues à celle du tronçon précédant mais intéressent des surfaces plus restreintes.

- Sur 10 km entre l'oued Remila et l'oued Imoula (à 3 km à l'amont de Sidi Aich), l'oued passe ensuite dans un resserrement de la vallée marquée. Il n'existe pratiquement plus de terres cultivables le champ d'inondation est faible.

- Sur 23 km entre l'oued Imoula et l'oued Bou Sellam au droit d'Akbou, le lit n'est plus dessiné, le cours d'eau se répand en formant de nombreuses ramifications sur un lit majeur large (1 à 1,5 km) et plat, qui occupe presque tout le fond de la vallée [16].

I.2.3. GEOLOGIE

Le bassin versant de l'oued Soummam est dans ses grandes lignes constitué, sur la rive gauche, par de l'oligocène traversé par des formations du crétacé inférieur ; du miocène inférieur apparaît dans la partie aval, en bordure de l'oued de terrasses alluviales importantes tapissent en générale pied des pentes sauf dans la région de Sidi-Aïch où le crétacé apparaît jusque dans le lit.

Le versant rive droite est en majeur parti formé de crétacé inférieur moyen et supérieur ; les terrasses alluviales sont beaucoup plus restreintes.

Les terrains rencontrés sont généralement imperméables : argilogrès de l'oligocène, schistes de l'alboaptien, marno calcaires du crétacé [16].

I.2.4. RELIEF

La longueur de la vallée (longueur du lit majeur) est de 65 km pour une dénivellation de 166 m, soit une pente moyenne de 2,5‰. La longueur développée suivant le lit mineur (basses eaux) est de 90km, soit une pente moyenne de 1,85‰.

La pente varie de 3,5‰ à 3‰ entre Akbou et Takrietz. Puis l'on note au passage des gorges de Takrietz et de Sidi Aich un adoucissement notable, la pente étant de l'ordre de 2‰. A l'aval de Sidi Aich la rivière retrouve une pente plus forte, de l'ordre de 3‰ qui varie ensuite régulièrement jusqu'à l'embouchure où elle est de l'ordre de 0,2‰ [18].

I.2.5. ECOLOGIE DE LA SOUMMAM

Le bassin de la Soummam est particulièrement varie au point de vue écologie (et donc agronomique) du fait de l'interférence entre l'accroissement de la sécheresse vers le sud d'une part et le compartimentage du relief de l'autre. Les chaînes constituent des obstacles au mouvement des masses d'air, qu'elles viennent du Sahara et soient desséchantes ou qu'elles soient issues de la Méditerranée donc riches en vapeur d'eau. Les reliefs raides et élevés provoquent aussi une élévation des masses d'air favorable aux condensations, notamment aux averses violentes de connexion. Ils introduisent aussi un étagement qui permet à la neige de persister des semaines sur le flanc des hautes crêtes du Djurdjura, à quelques kilomètres des oranges de la vallée. Enfin, la lithologie, la nature des roches vient encore introduire des différences supplémentaires au niveau de la nature des sols [18].

I.2.5.1. CLIMATOLOGIE

Dans chaque pays, chaque village, les caractéristiques moyennes des saisons déterminent le climat. On peut définir les climats à partir de deux phénomènes : la température et les précipitations, c'est à dire la pluie, la neige ou la grêle. Dans les grandes lignes, on décrit un type de climat, mais tant d'éléments le modifient.

Une région de montagne ne subira pas le même climat qu'une plaine. Une vallée située sur le versant d'une montagne n'a pas le même climat qu'une autre vallée sur le versant opposé, même si les deux sont à la même altitude [19].

Le climat du bassin versant de la Soummam, montre une série de transition entre climat humide, dans les montagnes proches de la Méditerranée, et climat semi-aride des hautes-plaines (environ Sétif). Mais partout les averses sont fréquentes et règne aussi en été une sécheresse prolongée. Les argiles se dessèchent, se fendillent, ce qui favorisant certaines phénomènes (ruissellement, mouvement de masse et surtout nuit à la végétation) [18].

a) Les précipitations

Selon la situation géologique et la saison, les précipitations se caractérisent par des intensités, une durée et une fréquence très différentes. Les pluies peuvent être de très fortes intensités, ou alors être très faibles et persister plusieurs jours durant [20].

La pluviométrie de la Wilaya dépasse généralement 600 mm/an. Dans les montagnes, elle atteint 1000 mm et ne descend en dessous de 600 mm que dans la vallée de la Haute-Soummam et les montagnes d'Ighil Ali [17].

En fait, plus on pénètre dans la vallée de la Soummam à partir de Bejaïa, plus les précipitations diminuent. C'est la conséquence de l'effet de barrière de la chaîne de

Djurdjura vis-à-vis des vents humides venant du nord-ouest, d'une part, et de l'effet de continentalité (la vapeur d'eau diminue si la distance de la mer augmente).

La part prépondérante des précipitations se limite aux mois d'hiver, les mois d'été sont secs (climat méditerranéen).

Dans la vallée, il ne neige pratiquement jamais. Dans les montagnes, on enregistre, en moyenne, un minimum de 5 jours/an et un maximum de 10 jours/an de précipitations neigeuses [17].

Le tableau 11 présente les précipitations moyennes mensuelles (en mm) de la région de Bejaia et cela de 1974 - 2001 et ceux de 2002[19].

Tableau.11 Répartition moyenne mensuelle de la pluviométrie en mm relevée de la station météorologique de Bejaia [21].

Mois	Jan	Fev	Mar	Avr	Mai	Jui	Juil	Aout	Sept	Octo	Nove	Déc	Moy annuelle
P (mm) 1974-2001	127,47	74	57,5	47,82	37,25	5,06	1,88	6,65	37,56	45,16	83,27	114,43	680,62
P (mm) 2002	69	104	58	18	24	0	107	28	62	36	193	315	1014

P : précipitation

L'analyse des données recueillies pour la période 1974 - 2001 montre que le maximum des précipitations est atteint en Janvier (127,47 mm) et le minimum en Juillet (1,88 mm) ; la moyenne totale est de : 680,62 mm. Concernant l'année 2002, elle est un peu particulière par rapport aux autres, nous avons enregistré un pic de 315 mm au mois de décembre qui a provoqué des inondations dans plusieurs régions.

b) La température de l'air

La température est un paramètre important, conditionnant l'évaluation du déficit d'écoulement. Nous disposons pour notre étude d'une série de données mesurées à la station de Bejaia s'étalant sur 26 ans (1974 - 2001) ainsi que les résultats de l'année 2002 [21] représentés dans le tableau 12.

Tableau.12 Températures mensuelles de la région de Bejaia
Période 1974 – 2001 [21]

Mois	Jan	Fev	Mar	Avr	Mai	Jui	Juil	Aout	Sept	Octo	Nove	Déce	Moy annue

M(°C)	16,43	16,71	20	20,64	23	26,46	29,27	30,46	25,96	26,38	20,37	17,51	20,5
M(°C)	7,38	6,94	9,73	10,53	10,59	18,05	20,36	21,75	19,45	16,71	12,13	5,99	13,3
(M+m)/2	11,9	11,82	14,86	15,58	16,79	22,25	24,81	26,1	22,7	21,54	16,25	11,75	16,9

Période 2002

Mois	Jan	Fev	Mar	Avr	Mai	Jui	Juil	Aout	Sept	Octo	Nove	Déce	Moy annue
TM(°C)	16,5	17,2	19,4	20,7	23,2	26,4	27,9	28,8	27,9	25,7	21,7	18,8	22,85
Tm(°C)	7,1	7,6	9,4	10,6	13,5	17,4	20,5	20,8	19,5	15,5	12,4	10,6	13,75
(TM+tm)/2	11,8	12,4	14,4	15,65	18,35	21,9	24,2	24,8	23,7	20,6	17,05	14,7	18,25

TM= température maximale

tm= température minimale

(TM+tm)/2= température moyenne

On constate d'après les données recueillies que le mois d'Août est le plus chaud avec une température de 26,1°C durant la période 1974 - 2001, alors que le mois de Décembre est le plus froid avec une température de 11,75°C. Pour l'année 2002 la température la plus élevée était enregistrée au mois d'Août toujours (24,8°C). Par ailleurs la température la plus basse était enregistrée au mois de Janvier (11,8°C).

c) Humidité de l'air

Les moyennes mensuelles d'humidité relative à la station de Bejaia durant 12 ans (1990 - 2002) varient de 74%en automne à 79% au printemps. La moyenne annuelle est de 77%. On constate que l'humidité relative mensuelle ne descend pas au –dessous de 50% ceci est due à la proximité de la mer [21].

I.2.6. RESSOURCES ET POTENTIALITES HYDRIQUES DU BASSIN DE L'OUED SOUMMAM

a) Ressources superficielles

Le bassin versant de l'oued Soummam est entaillé de nombreux cours d'eau dont le principal est l'oued Soummam. Son débit moyen est estimé à 25 m^3/s environ (1961-1971). Le débit maximal enregistré en 1970 est de 115,9 m^3/s en saison froide, par contre le débit d'étiage est de 0,6 m^3/s enregistré les mois de Juillet et Août.

Ces débits montrent de grandes irrégularités inter mensuelles donc saisonniers à son embouchure. L'oued Soummam présente un apport annuel moyen de 700x10^6 m^3/an qu'il déverse dans la Méditerranée.

Les principaux affluents de l'oued Soummam [17].

En rive gauche on a : Oued Imoula   (4x10^6 m^3/an)
          Oued Ighzer Amokrane (12x10^6 m^3/an)
          Oued Remila   (28x10^6 m^3/an)
          Oued El Kseur   (12x 10^6 m^3/an)
          Oued Ghir   (12x10^6 m^3/an)
En rive droite on a: Oued Seddouk   (10x 10^6 m^3/an)
          Oued Amassine   (15x10^6 m^3/an)

La carte suivante montre la situation de l'oued Soummam et ses affluents

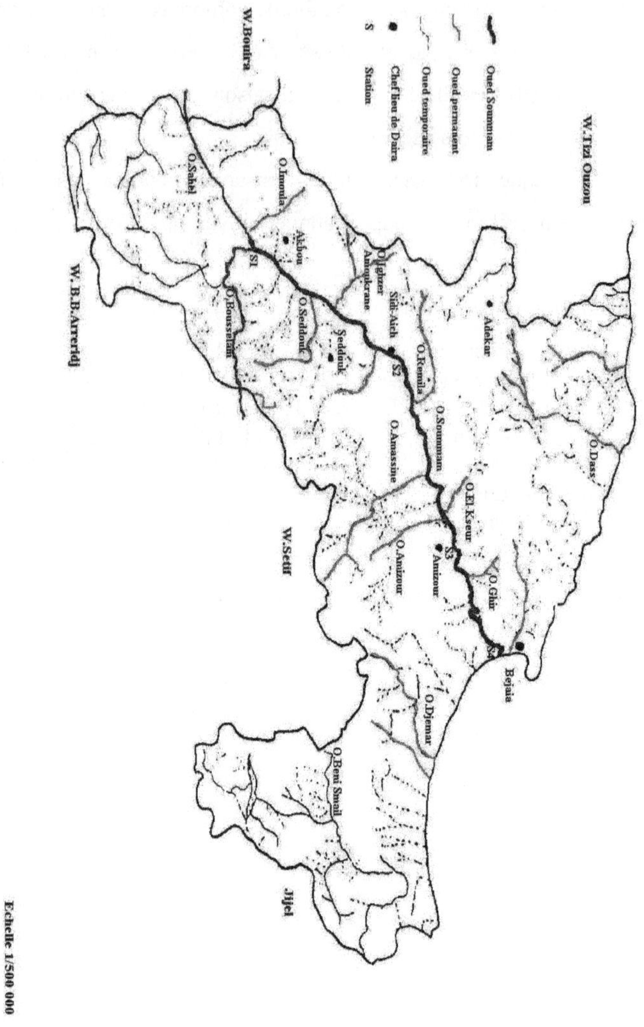

Figure n°1 : Réseau Hydrographique

b) Ressources en eaux souterraines

Les ressources en eaux souterraines se trouvent dans les plaines alluviales de la vallée de la Soummam. La vallée se décompose en deux parties distinctes par un seuil géologique à Sidi-Aich, constituant la haute et la basse Soummam.

La superficie couverte par les alluvions est d'environ 40 km^2 dans la haute Soummam et de 75 Km^2 dans la basse Soummam.

Haute Soummam   Ressources mobilisables   48 millions de m^3/an

                                   Ressources mobilisées   30 millions de m^3/an

Basse Soummam   Ressources mobilisables   22 millions de m^3/an

                                   Ressources mobilisées   28 millions de m^3/an [17].

I.2.6. LES CRUES ET LES TORRENTS

Le débit moyen de l'oued Soummam est estimé à 25 m^3/s environ, son bassin versant est le siège de crues violentes et dévastatrices. La plus grosse crue observée, celle de décembre 1957, a eu un débit de pointe estimé à 5200 m^3/s et la crue décennale a encore un débit de pointe peut être estimé à 3000 m^3/s. En cas de crue, l'oued déborde très largement de son lit mineur, provoquant des submersions; c'est ainsi que la surface inondée est de l'ordre de 64 Km^2 pour une crue de 300 m^3/s. La pente moyenne du lit étant de 2,8 m/km entre Akbou et Bejaia, des vitesses fortement élevées peuvent se produire et provoquer des dégâts très importants (ponts détruits, érosion des berges des routes et de la vois ferrée, terrasses cultures endommagées, risque de déchaussement de l'oléoduc et du gazoduc, menace grave et continuelle sur les stations de pompage et des canalisations d'AEP et d'irrigation) [17].

En fait, le bassin de la Soummam présente trois séries de caractéristiques favorables à la torrentialité, caractéristiques qui, simultanément, le rendent fragile et apte à la dégradation :

- Il est constitué par une région montagneuse, dont les altitudes culminantes ne sont pas très élevées (2308 m à Lalla Khedidja et 2123 m dans le Dj.Heizer, points culminants de la chaîne du Djurdjura, la plus élevée du bassin). Mais ces montagnes, faisant partie de l'Atlas Tellien, résultent de mouvements tectoniques récents, qui se poursuivent actuellement. Elles sont, aussi, en bordure de la Méditerranée. De la sorte, elles sont très intense disséquées, avec des incisions profondes, des versants raides et, souvent, longs. La vallée de la Soummam est la principale de ces coupures. Son fond est à 1500-2000 m en contrebas de la crête du Djurdjura, qui forme la limite du bassin. Or, il n'en est distant que de moins d'une dizaine de kilomètres. Suivant les saisons, les avalanches et les crues torrentielles dévalent ces fortes pentes avec une grande énergie, édifiant des cônes de débris au pied de la crête. Sur la rive droite de la Soummam, le relief est presque aussi vigoureux, avec des bassins torrentiels fortement burinés : Amassine, Amizour.

- Le bassin de la Soummam est formé par des roches qui favorisent, elles aussi, la torrentialité et la dégradation du milieu. Les matériaux résistants sont rares et occupent seulement de faibles surfaces massives qui arment la crête du Djurdjura et les parois de la gorge des Portes de Fer. A coté d'eaux affleurent des roches friables, se délitant facilement : grès médiocrement cimentés, schistes principalement et des dépôts meubles qu'affouillent les eaux ruisselantes : marnes, argile gypseuse, nappes de cailloutis mises en place depuis la fin du Tertiaire jusqu'au Quaternaire récent [18].

Les conditions climatiques jouent dans le même sens. Ce climat nuit à la végétation et la rend fragile. La couverture végétale, par l'interception, par la fourniture de matière organique aux sols, par l'obstacle mécanique qu'elle oppose à l'impact des gouttes de pluie et à l'écoulement des filets d'eau, est le principal élément antagoniste de la nature défavorable des roches et des caractères défavorables du relief [18].

I.2.7. ROLE ECONOMIQUE JOUE PAR LA VALLEE

Cette vallée joue un rôle essentiel dans l'économie de la région :
Dans le domaine agricole elle représente un potentiel important de terres irrigables économiquement, on contraste avec les autres terres qui s'étagent en Hauteur sur les deux flancs de la vallée.

- Elle abrite un certain nombre de villages et de villes qui attirent et concentrent de plus en plus la population montagnarde de la région. La ville de Bejaia est considérée comme le grand pôle économique de la vallée.
- Dans le domaine de communication, elle représente un axe très important, à la fois régional et national, tant sur le plan routier que ferroviaire.
- Elle est empruntée sur toute sa longueur par l'oléoduc Hassi Messaoud Bejaia qui assure l'évacuation jusqu'au port de Bejaia d'une partie importante du pétrole [17].

I.2.8. LA POPULATION ET SON ACTIVITE.

Selon le tableau.13 il y a lieu de signaler que plus de la moitié de la population de la wilaya de Bejaia se trouve concentrée le long de la vallée de la Soummam, ainsi que les unités industrielles.

Tableau.13 Répartition de la population de la vallée de la Soummam (D.P.A.T 31/12/2002). [22]

Communes	Nombre d'habitant	Densité (Km^2)	Projection 2013
BEJAIA	166200	1382	187071
OUED GHIR	16439	343	18503
TALA HAMZA	10619	273	11953
AMIZOUR	37671	344	42402
EL-KSEUR	28080	299	31606
FENAIA IL-MATEN	13569	300	15273
TIMZRIT	26090	685	29367
FERAOUN	16536	395	18613
SEMAOUN	14364	368	16168
BARBACHA	21697	259	24422
TOUDJA	12647	76	14235
SIDI-AICH	13363	1735	15041
SIDI-AYAD	5277	582	5940
EL-FLAY	7518	793	8462
TINEBDAR	6796	409	7649
TIFRA	9528	245	10725
SOUKOUFELA	10388	752	11692
AMALOU	10579	185	11907
SEDDOUK	19195	353	21605
CHEMINI	17665	452	19883
AKBOU	48918	937	55061
M'CISNA	9680	247	10896
TIBANE	6077	1125	6840
I.AMOKRANE	22710	370	25562
Total	**551606**	--	**620876**

En effet, la commune de Bejaia est la plus peuplée, elle compte plus de 166200 habitants. Par ailleurs la commune de SIDI AYAD est la moins peuplée avec 5277 habitants.

La Willaya de Bejaia renferme plus de 947 959 habitants, plus de 65% de cette population habite la vallée de la Soummam.

La population future se calcule selon la formule O.TOBARSSAN [23].

$$P=P_0 (1+K)^t$$

Avec :
P_0 : Population du dernier recensement

P : Population future

K : Taux d'accroissement $=0.0119$

t : Nombre d'années entre l'horizon fixé et le dernier recensement

La projection de la population de la vallée de la Soummam en 2013 peut être estimée à 620 876 selon la loi de TOBARSSAN.

Cette population a pour majeure activité l'agriculture. Principale ressource de la région, l'agriculture se développe sur les versants à mi-pente, sur les terrasses alluvionnaires recouvrant les pieds des versants, sur les cônes d'épandage des oueds affluents et sur les bordures du lit majeur de l'oued Soummam [18].

En effet, la wilaya de Bejaia dispose d'une surface agricole utile de prés de 130 000 ha dont 6285 Ha (4,8 %) sont irrigués, particulièrement les terres situées dans la vallée de la Soummam qui renferment plus de 3213 ha irrigués [22].

La fertilité de ces sols confère au secteur de l'agriculture une exploitation intensive (irrigation, mécanisation) dans le domaine de maraîchage, fourrages, agrumes et élevages bovins laitiers et avicoles [22].

Les cultures consistent principalement en céréales, oliviers, figuiers et autres arbres fruitiers. A mesure que l'on avance vers l'aval et vers les bords du fleuve, ces cultures s'enrichissent de plantations d'agrumes de vignes et de maraîchages. Des pompages d'été assez fréquents sont à noter donnant en maints endroits à la culture un caractère déjà intensif [22].

Le cheptel, quant à lui, n'est pas important comparativement aux possibilités existantes et se limite à 26420 têtes de bovins dont 10515 vaches laitières, 75840 ovins et 37280 caprins [22].

Tableau.14 Occupation des sols par commune et les différentes productions 31/12/2002(DPAT) [22]

COMMUNE	OCCUPATION DES SOLS EN ha								
	Ceréales	Légumes	Fourrages	Agr-mes	Cult. maraich	Vit Tabl.	Olivier	Figuier	Cult Indust
BEJAIA	43	-	29	19	56	01	100	...	..
OUD GHIR	450	27	423	121	268	30	162	33	45
TALA HAMZA	30	15	08	25	243	09	42	21	...
AKBOU	650	34	160	97	249	14	1404	183	...
AMIZOUR	1060	65	558	322	272	315	2332	551	25
FERAOUN	470	70	173	...	119	...	234	638	....
SEMAOUN	435	80	237	138	162	44	640	419	20
SEDDOK	315	20	50	42	49	11	2022	272	...
AMALOU	180	10	30	...	17	02	2028	874	...
M'CISNA	140	50	22	...	44	01	535	1102	...
TIMEZRIT	450	40	...	225	214	37	830	110	30
SIDI-AICH	04	05	03	02	28	...	150	08	...
LEFLAYE	05	06	15	02	15	...	520	08	...
TIFRA	15	12	10	01	32	....	200	45	...
SIDI-AYED	13	10	15	03	28	....	600	80	...
CHEMINI	50	35	50	...	...	...	1757	45	....
TIBANE	06	06	10	...	13	....	392	08	...
EL-KSEUR	410	21	184	263	357	12	881	136	18
F.EL-MATEN	315	09	50	503	90	...	1228	493	18
TOUDJA	05	06	03	...	99	02	74	42	...
BARBACHA	140	50	20	...	42	04	461	1550	...
TINEBDAR	30	06	10	01	26	...	767	45	....
I.OUZELLAGUN	350	40	280	42	209	13	1.399	572	...
SOUKOUFELLA	11	08	15	03	18	...	682	50	...

Nous constatons que la ville d'Amizour occupe la surface agricole la plus importante.

En fait, ces terres sont irriguées dans la majorité par le biais de puits et sources implantés dans la vallée de la Soummam, ces derniers sont exploités surtout pour l'alimentation en eau potable des populations [22].

I.2.9. Aperçu hydrodynamique

L'inventaire des points d'eau de la vallée de la Soummam a été réalisé par L'A.N.R.H en 2002 composé initialement de plus de 62 forages exploités avec une capacité d'environ 1197 m³/j [22].

I.2.9.1.Etude piézométrique

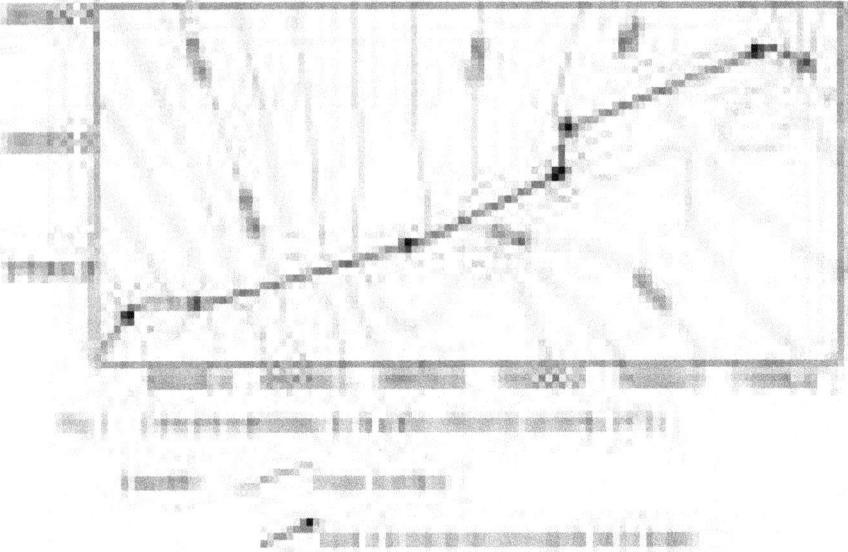

a) Période de haute eau (Avril 1971)

La carte piézométrique, établie pour la période de Mars-Avril, montre deux directions principales d'écoulement des eaux souterraines de la nappe du remplissage alluviale de la vallée de la Soummam.

- suivant la direction longitudinale, l'écoulement de la nappe se fait du Sud-Ouest vers le Nord-Est conformément au sens d'écoulement des eaux superficielles. Le sens d'écoulement caractérise la circulation principale du bassin hydrogéologique du remplissage alluvial, de l'amont vers l'aval. Cette circulation traduit un écoulement qui se fait de la nappe vers la mer.

- suivant la direction transversale à l'axe de la vallée, l'écoulement de la nappe se fait des bordures vers le centre de la plaine, suivant deux sens de circulation, Nord-Sud et Sud-Nord. Ces deux directions de circulation traduisent les apports latéraux à partir des versants, qui bordent la nappe du remplissage alluvial.

De façon générale, l'écoulement principal de la nappe est convergent d'amont en aval et devient divergent dans la plaine côtière de Bejaia [24].

b) Alimentation de la nappe

L'alimentation de la nappe se fait essentiellement à partir :

- de l'oued Soummam

- des précipitations

- des formations hydrogéologiques affleurant sur le versant nord.

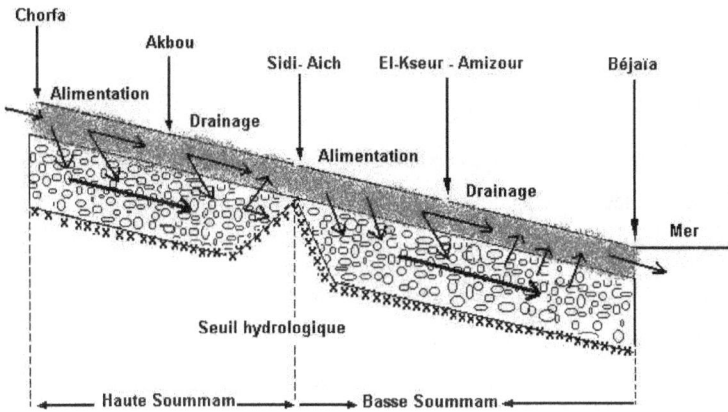

Figure. 2   Relation hydraulique Oued-Nappe d'après le jaugeage différentiel

c) Relation hydraulique Oued-Nappe :

La relation hydraulique entre l'oued Soummam et la nappe alluviale est étudiée à partir de deux séries de jaugeages différentiels exécutés en période d'étiage, par le service Hydrologie de la D.E.M.R.H (1971/1972) et des coupes hydrogéologiques longitudinales. L'analyse de ces données et l'examen de la figure2 montrent :

- une diminution systématique de débit entre Sidi-Aich et El-kseur, cette diminution ne peut être attribuée qu'à la somme de l'infiltration de l'oued vers la nappe et des prélèvements directs dans l'oued .Dans cette partie la nappe est libre.

- une augmentation des débits de l'oued entre El-kseur et l'embouchure (Bejaia). cette augmentation est due à l'épaississement du recouvrement argileux et limoneux de surface de lit de l'oued qui isole complètement les alluvions aquifères de l'oued Soummam. Dans cette partie la nappe est drainée par l'oued [24].

d) Evolution et variation du niveau piézométrique de la nappe

L'examen des cartes, montre une baisse générale du niveau piézométrique de la nappe et une variation des niveaux entre les hautes eaux et les basses eaux.

Les variations sont faibles le long de l'axe de drainage principal, élevées en bordures et aux confluents de l'oued Soummam. Les valeurs maximales sont enregistrées sur les puits situés en bordures Nord de la nappe, depuis Oued-Ghir jusqu'à la vallée de Oued-Sghir ; tandis qu'en aval vers l'embouchure, les variations s'atténuent au fur et à mesure que l'on s'approche de la mer [24].

e) Gradients hydrauliques

En période hautes eaux, l'analyse des cartes piézométriques montre un gradient hydraulique pour les différentes zones :

- A l'ouest d'Il-Maten (cône de déjection de Remila), le gradient hydraulique est de l'ordre de 10,5‰, il diminue ensuite à 2,8‰ vers l'aval par suite de l'élargissement de la vallée.

- Au niveau du seuil d'Aguellel, il y a resserrement des iso pièzes et le gradient augmente encore jusqu'à 5‰.

- Au niveau d'El-kseur, la vallée s'élargit, le gradient passe à 2,8‰.

- Vers l'aval et jusqu'à l'embouchure les variations de gradient sont irrégulières. Sur le versant Nord et aux débouchés des principaux affluents, on note également de forts gradients (10à13‰).

En période des basses eaux, l'analyse de la position des iso pièzes montre :

- un léger décalage des iso pièzes vers l'amont traduisant ainsi, une diminution systématique des côtes piézométriques dans tous les points d'eau

- une diminution relative générale des gradients hydrauliques par suite, d'une part, d'une faible réalimentation de la nappe et d'autre part, d'un pompage intense durant cette période [24].

Chapitre. II

IDENTIFICATION DES SOURCES DE REJETS DANS L'OUED SOUMMAM

II.1. ORIGINE DE LA POLLUTION DE L'OUED SOUMMAM

La pollution des eaux est variable .Elle peut se manifester généralement sous deux formes principales: urbaine et industrielle.

II.1.1. POLLUTION D'ORIGINE URBAINE

II.1.1.1. Eaux usées urbaines

Les eaux domestiques, elles même divisées en eaux de vannes qui comprennent les eaux des diverses toilettes et eaux ménagères qui englobent les autres eaux, notamment celles qui résultent des lavages.

Les matières directement liées aux excrétions humaines sont en nature et en qualité relativement constantes. Elles fluctuent peu vis à vis des différents états de développement des populations concernées, avec cependant une tendance vers un enrichissement en matières azotées et en graisses pour les niveaux de vie les plus élevés [25].

La quantité d'ordures ménagères produite par une collectivité est variable. Elle est fonction de plusieurs éléments et dépend essentiellement:

- du niveau de vie de la population : elle croît avec celui-ci dans une proportion importante ;

- de la saison : pour une même population, elle est généralement minimale en été ;

- du mode de vie des habitants : elle est influencée par les migrations quotidiennes entre la ville et le reste de l'agglomération ;

- du mouvement des populations pendant les périodes de vacances, les fins de semaine et les jours fériés ;

- du climat : davantage de cendre en hiver, sauf si des moyens de chauffage modernes (mazout, gaz, électricité) se substituent aux moyens anciens (charbon, bois) [26].

En effet, la plupart des centres urbains situés le long de la vallée de la Soummam déversent leurs eaux usées directement dans l'oued et ce, sans aucun traitement (à l'exception de certaines collectivités qui possèdent leurs bassins de décantation [24].

Afin de faire face à cette pollution d'origine urbaine, il est prévu 05 stations d'épuration d'eaux usées urbaines le long de la Soummam [27].

Tazmalt : 30 000 eq /Hab   Q = 6400 m^3/J

Akbou : 80 000 eq /Hab   Q = 19 200 m^3/J

Sidi-Aich : 40 000 eq /Hab   Q = 6400 m^3/J

El Kseur : 30 000 eq /Hab   Q = 6400 m^3/J

Amizour : 30 000 eq /Hab   Q = 6400 m^3/J

Les volumes d'eaux usées domestiques rejetées dans l'oued Soummam et ses affluents sont récapitulés dans le tableau suivant :

Tableau.15 Volume d'eau usée domestique déversée dans l'oued et ses affluents [27]

COMMUNE CHEF LIEU	VOLUME D'EAU REJETE (m^3/j)	MILIEU RECEPTREUR
BEJAIA	18000	Oued Soummam, Mer
OUED GHIR	322.86	Oued Soummam
BARBACHA	184.5	Oued Amasine
SIDI-AICH	162.06	Oued Soummam
FENAIA EL MATEN	1833	Oued Soummam
EL KSEUR	858	Oued Soummam
CHEMINI	463	Oued Soummam
EL FLAY	202.53	Oued Soummam
TALA HAMZA	243	Oued Soummam
TIBANE	163.62	Oued Soummam
SOUK OUFELA	285.87	Oued Soummam
SEDDOUK	345	Oued Seddouk
AKBOU	1445	Oued Seddouk
TOUDJA	212	Oued Ghir
TIFRA	*122.85*	*Oued Ghir*
TIMEZRIT	675	Oued Ghir
SEMAOUN	1683	Oued Ghir
SIDI-AYAD	130.11	Oued Ghir
AMALOU	345	Oued Ghir
AMIZOUR	990	Oued soummam,oued Amasine
FERAOUN	518	Oued Sommam
M'CISNA	106	Oued
I-OUZELLAGUNE	520	Oued
Total	**29810.4**	*//////////*

La quantité d'eau usée domestique déversée dans l'oued Soummam et ses affluents est importante et dépasse les 29810 m^3/j. La commune de Bejaia à elle seule déverse 18000 m^3/j, toute fois une quantité importante de ce volume d'eau est déversée directement dans la mer.

● **L'assainissement**

Les eaux usées de nature et d'origine diverses, produites dans l'espace vital de l'homme, doivent, à partir d'une certaine densité de population, être collectées et évacuées, du fait qu'elles répondent à une nécessité absolue aux plans de l'hygiène et de santé, les mesures prises dans ces domaines contribuent à élever le niveau et la qualité de vie des usagers [28].

L'assainissement dans le bassin de l'oued Soummam, accuse un retard notable; et le traitement des eaux usées est loin d'être satisfaisant. On note l'inexistence de stations d'épurations le long de la vallée excepté le chef-lieu de la wilaya de Bejaia, et la présence de 03 bassins de décantation en fonctionnement. La production des eaux usées est estimée à environ 29810 m³/jour. Comme pour l'alimentation en eau potable, la quasi-totalité de la population agglomérée (urbaine et rurale) est raccordée au réseau public d'assainissement. D'après les données du service de l'environnement, le taux de la population agglomérée raccordée au réseau d'égouts publics est de 85% dans toute la wilaya de Bejaia [22]. Le tableau 16 montre la situation de l'assainissement au niveau de la vallée de la Soummam.

Tableau.16 Situation de l'assainissement au niveau de la vallée de la Soummam [22]

Commune chef Lieu	Population Branchée	Population non branchée	Taux de Branchement %	Type de branche-ment	Lieu de rejet	état du réseau
OUED GHIR	10762	3981	73	-	BASSIN	-
SIDI-AICH	10804	334	97	U	OUED	Vétuste
FENAIAILMAT	9074	3889	70	U	C.OUVER	Bon
EL-KSEUR	2144	5361	80	U	OUED	Vétuste
AMALOU	8563	1511	85	S	RAVIN	Bon
CHEMINI	15452	1343	92	U	OUED	Bon
EL FLAY	6751	431	94	-	-	-
SIDI-AYAD	4337	228	95	-	RAVIN	
TALA HAMZA	6086	4057	60	-	BASSIN	-
TIBANE	5454	348	94	-	RAVIN	
SEDDOUK	16451	1430	92	U/S	OUED	Bon
AKBOU	36051	9013	80	U/S	OUED	-
TOUDJA	6047	6047	50	S	OUED	Bon
TIFRA	4095	5005	45	-	RAVIN	-
SEMAOUN	10977	2744	80	U	OUED	Bon
M'CISNA	8302	8302	90	S	OUED	Bon
TIMEZRIT	17369	17369	70	S	RAVIN	Bon
AMIZOUR	24752	24752	-		C.OUVER	
FERRAOUN	12604	12604	80	U	STEP	Bon
BEJAIA	133812	133812	87	U/S	BASSIN	Moyen
BARBACHA	12298	12298	60	U	OUED	Bon
OUZELLAGUEN	7569	14058	35	U	OUED	Bon
TINEBDAR	6106	389	95	-	RAVIN	-
SOUKOUFELLA	9529	397	96	-	-	-

II.1.1.2. Les rejets solides

La quantité globale de déchets ménagers dans la vallée de la Soummam est estimée à plus de 24000 m³/j et un habitant de la vallée produit quotidiennement en moyenne 0,8 Kg de déchets solides [27].

En fait, les ordures ménagères rejetées anarchiquement dans l'environnement sans études au préalable du site et de techniques de mises en décharge peut engendrer de graves problèmes de pollution portant atteinte même à l'esthétique du milieu, à la qualité de l'air, des eaux superficielles et souterraines. Les décharges de déchets solides se sont multipliées avec le développement urbain et le développement industriel. Un contrôle strict des conditions d'utilisation de ces décharges sur le plan de la circulation possible des eaux est nécessaire si l'on veut éviter la contamination des eaux surtout souterraines, à la suite d'infiltration liée à la lixiviation des dépôts.

Au niveau de la vallée de la Soummam, la collecte des déchets ménagères est relativement bien assurée dans la plupart des centres urbains et s'effectue dans des conditions plus ou moins acceptables. Par contre leur élimination pose le problème de protection de l'environnement dans la mesure où la mise en décharge de ces déchets s'effectue dans des conditions de précarité absolue. Les communes rencontrent d'énormes difficultés (absence de moyens de transport, de terrain et de financement). Des décharges non contrôlées existent un peu partout le long de l'oued Soummam; le tableau ci dessous en donne une récapitulation [27].

A l'heure actuelle, seule la commune d'Oued Ghir a réalisé une décharge surveillée conformément aux normes [27].

Tableau. 17 Décharges non contrôlées le long de la vallée de la Soummam [27]

Commune	Localisation (Lieudit ou quartier)	Nombre	Surface Occupée	Autres informations
TOUDJA	-Bouhatem -Taourirt Ighil	02	1500 m^2 400 m^2	900 m^3 320 m^3
SIDI AICH	Remila E'chott	02	1.5HA 500 m^2	Tifra 180 m^3 Taourirt-Ighil 380 m^3
TIMEZRIT	Ighzer Ouchen	01	400 m^2	300 m^3
SIDIAYAD	Thalamast	01	400 m^2	320 m^3
SEDDOUK	Akhnak El Mouhli	02	400 m^2 4000 m^2	380 m^3 3000 m^3
TALA-HAMZA	Akerkar	01	1000 m^2	600 m^3
M'CISNA	Tadjellat-Tizi	01	300m^2	290m^3
EL-KSEUR	L'ota N'touchamine Zone d'activité	02	500 m^2 300 m^2	350 m^3 260 m^3
AKBOU	Guendouza Pont de Biziou Bouzeroual	03	500 m^2 10 Ha 200 m^2	475 m^3 1400 m^3 180 m^3
SEMAOUN	Tizi-Ouatmos Oued-Amacin	02	3000 m^2 500 m^2	2250 m^3 350 m^3
F-EL MATEN	Remila	01	300 m^2	255 m^3
EL-FLAY	Aghernouz	01	1.5ha	Tinebdar,tiba ne190 m^3 Souk-Oufella

FERAOUN	Oued Amacin	01	$200 \ m^2$	$180 \ m^3$
BARBACHA	Tala-n'boubekeur	01	$3200 \ m^2$	$2880 \ m^3$
AMALOU	Beni-djmhour Biziou Timessenine,Theghermin	04	$1200 \ m^2$	$1100 \ m^3$
I-OUZELAGUNE	EL-Firma, oued Halouane	02	$150m^2, 150m^2$	$235m^3$
AMIZOUR	Djebel louaz	01	$300m^2$	$380 \ m^3$
BENI KSILA OUED GHIR	Amtik-Issiadhen Bouchekreun	02	$5000m^2, 3500 \ m^2$	$4300 \ m^3$ $2600 \ m^3$
CHEMINI	L'admaa-Tizi	01	1.5HA	$140 \ m^3$
Total	/	26	/	$24195m^3$

II.1.2. Pollution d'origine industrielle

II.1.2.1. Déchets liquides

Pour la plupart des industries, l'eau est un facteur de production. Elle peut être utilisée comme matière première, et être incorporée au produit fini, ou intervenir comme auxiliaire au cours du processus de fabrication. Les utilisations industrielles de l'eau sont extrêmement diversifiées. Les propriétés physiques et chimiques très particulières de l'eau y sont évidemment mises à profit, mais c'est souvent sa relative abondance et son coût modique qui déterminent son usage pour des utilisations qui ne sont pas nécessairement spécifiques. En effet, les eaux industrielles sont extrêmement variées selon le genre d'industrie dont elles proviennent. Elles contiennent des substances les plus diverses, pouvant être acides ou alcalines, corrosives ou entartrantes, à température élevée, souvent odorantes et colorées. Il faut enfin noter que chaque usager industriel utilise généralement l'eau dans le cadre de différentes utilisations [28].

Les établissements industriels ont des productions très diverses (aliment, vêtements, pâtes à papier, produits chimiques,…. etc.) et rejettent plusieurs types d'eaux usées, dont le volume et le degré de contamination sont très variables. En règle générale, on distingue les eaux de procédé, qui sont le plus souvent contaminées puisqu'elles entrent dans le processus de fabrication ; les eaux de refroidissement, plus ou moins contaminées ; les eaux sanitaires et, dans certains cas, les eaux pluviales.

Les caractéristiques des eaux de procédé sont directement fonction du type d'industrie : certaines industries n'en génèrent carrément pas ou très peu, comme les industries de confection de vêtements, alors que d'autres en produisent des volumes considérables, comme les fabriques de pâtes à papiers [29].

Parmi les polluants rejetés par les industries ou établissements assimilés, une partie non négligeable est proche de la composition d'une eau domestique. En effet, les effluents industriels comprennent les eaux utilisées par le personnel ont pratiquement la même composition que les eaux domestiques [29].

L'industrie dans la vallée de la Soummam a connu un développement remarqué tant dans sa diversité que dans sa capacité. Toutefois sur une trentaine d'unités industrielles publiques et privées implantées sur le territoire de la Wilaya, sept seulement possèdent leur propre station d'épuration.

Les rejets des unités installés dans le ZAC de Taharacht Akbou, celle de la ZAC d' Ouzellaguen déversent leurs rejets directement dans l'oued Soummam. De même les 47 stations de lavages et graissage ainsi que des fabricants de carrelage déversent leurs rejets dans l'oued Soummam. Le tableau 18 illustre les principaux établissements industriels situés dans la vallée de la Soummam et qui sont considérés comme potentiellement polluants.

Tableau.18 Unités industrielles polluantes au niveau de la vallée de la Soummam [22]

Nom et adresse de l'unité	Rejets solides		Rejets liquides	
	Type de déchets	Quantité Rejetée	Volume d'eaux usées rejetées (m^3/j)	Rejet final
CO.G.B ENCG 04, CHEMINS	Terre Décolorante usée	0.11 T/J	401,5	Oued Soummam
ALCOVEL AKBOU	Poussières de coton et petites chutes de tissus copots métaliques Boues	11070 Kg/an	2533	Oued Soummam
ALFADITEX Remila	Boues à base de teinte, à boue à base de colle	1600 Kg/an	1400	Oued Soummam
Conserverie ENAJUC El-kseur	Boites et futs métalliques	2 T/mois	350	Oued Soummam
ERIAD Sidi-Aich	Poussières	20 T/mois	120	Oued Soummam
Total		0,878 T/J	4804,5	Oued Soummam

D'après les résultats récapitulés dans le tableau ci-dessus, nous constatons que l'unité industrielle ALCOVEL AKBOU déverse une quantité remarquable d'effluent dans l'oued Soummam estimée à 2533 m^3/j. Par ailleurs ERIAD Sidi-Aich ne déverse que 120 m^3/j. En fait la quantité globale d'eaux usées industrielles est d'environ 4804 m^3/j.

Les stations services (lavages, graissage) sont génératrices également de pollution ; leurs eaux usées, chargées en matières organique sont déversées telles quelles dans les réseaux d'assainissement ou directement dans les cours d'eaux avoisinants aboutissent dans l'oued Soummam.

En effet, les rejets d'hydrocarbures compromettent les potentialités de ré- oxygénation des cours d'eau et leur pouvoir épurateur. Leur capacité d'infiltration dans le sol est 10 fois supérieure à celle de l'eau [30]. Dans la vallée de la Soummam on compte plus de 47 stations de lavage graissage dont 14 sont à l'arrêt et 33 sont fonctionnelles et la quantité déversée par ces stations est de l'ordre de 425 m³/j. Le tableau 19 récapitule toutes les stations existantes dans la vallée ainsi que le volume déversé.

Tableau.19 Stations de lavage et graissage multiservice du réseau Naftal dans le bassin de l'oued Soummam par Daïra [27]

Daïra	Nombre de stations	La quantité déversée m³/j
BEJAIA	13	112
AKBOU	06	70
AMIZOUR	04	36
SEDDOUK	05	47.5
TIMEZRIT	01	8
SIDI-AICH	03	19
CHEMINI	01	9.5
EL-KSEUR	07	68
BARBACHA	03	21
OUZELAGUEN	04	34
Total	**47 dont 14 en Arrêt**	**425**

III.1.2.2. Déchets solides industriels

Le recensement des déchets solides générés par les unités industrielles situées au niveau du bassin versant de la Soummam a été cité dans le tableau.15. Les déchets (duvet de cuir synthétique, chiffon emballage plastique) sont mis en décharge au même titre que les déchets ménagers.

II.1.3. Pollution d'origine agricole

L'agriculture est entrée dans un stade d'industrialisation active, il ne semble pas que cette évolution se ralentisse et l'on observe chez les autres pays une tendance croissante à la spécialisation des cultures ; une recherche des hauts rendements, une mécanisation croissante et une modification profonde des mentalités paysannes.

Parmi les inconvénients qui en résultent pour le milieu aquatique, on peut mentionner :

- L'érosion des sols par suite de monocultures trop étendues. Un article de la revue américaine « Drinking Water Supplies », daté de 1983, évalue les sédiments arrachés à la terre entre 1 et 3 t par hectare et par an.

- L'usage des engrais chimiques au lieu des engrais naturels dont le recyclage est assuré par la nature.

- L'usage des pesticides, insecticides, fongicides et autres produits phytosanitaires [31].

Un recensement de pesticides périmés et engrais utilisés ainsi que les huileries tout le long de l'oued Soummam a été fait.

a) Les pesticides périmés

Dans le cadre de la protection de la Soummam contre la pollution, un recensement des pesticides a été effectué. Plus de 10 tonnes ont été recensés. Afin d'éviter toute pollution des oueds ou des nappes phréatiques, ces pesticides périmés ont été récupérés et stockés et ce, en collaboration avec l' IPV (Institut de la protection des végétaux) [27].

b) Les huileries

Le nombre d'huileries installées le long de la vallée de la Soummam est environ 143 dont 85 sont à l'arrêt (d'après les récentes données de la direction des services agricole). Ces huileries concourent à la dégradation de l'environnement en polluant l'Oued Soummam qui est devenu le réceptacle de tous les rejets.

c) Les résidus d'abattoirs

Les eaux résiduaires d'abattoirs sont constituées par les effluents des salles d'abattage, de la triperie, des salles de nettoyage et des écuries. Elles sont produites lors de la saignée et du dépeçage des animaux abattus, du nettoyage des corps ou partie du corps des animaux. La charge polluante des effluents d'abattoirs dépend principalement du taux de récupération du sang, ainsi que de l'importance de la triperie.

Le sang est une matière organique putrescible et à ce titre il est très polluant car il absorbe lors de sa décomposition une forte quantité d'oxygène de l'eau, oxygène indispensable à la faune et la flore de nos cours d'eau [32]. La vallée de la Soummam compte 02 abattoirs et 05 tueries.

CHAPITRE. III

CARACTERISATION PHYSICO-CHIMIQUE DES REJETS

III.1. ETUDE QUALITATIVE ET QUANTITATIVE

La qualité d'une eau est caractérisée par diverses substances qu'elle contient, leurs qualités, l'effet qu'elles ont sur l'écosystème et sur l'être humain. Les rivières contiennent de nombreuses substances, dissoutes ou en suspension, que l'on trouve partout dans la nature : (bicarbonates, sulfates, sodium, calcium, magnésium, potassium, azote, phosphore, aluminium, fer, etc.). Ces éléments proviennent du sol et du sous-sol, de la végétation surtout, des précipitations et des eaux de ruissellement drainant le bassin versant, ainsi que des processus biologiques, physiques et chimiques ayant lieu dans le cour d'eau lui même. A ces substances d'origines naturelles s'ajoute des produits découlant de la simple présence humaine (phosphore, azote et micro-organismes contenus dans les eaux usées domestiques) ou des activités industrielles et agricoles (substances toxiques, métaux, pesticides) [29].

Au cours d'une année, d'une saison et même d'une journée, la qualité de l'eau peut être variable. Les phénomènes de ruissellement et d'érosion, de même que les précipitations et les variations du débit d'un cours d'eau influencent énormément la qualité de l'eau. En période d'étiage, les concentrations de certaines substances présentes dans l'eau peuvent être beaucoup plus élevées que pendant le reste de l'année. A l'inverse, en période de crue, certaines substances se trouvent diluées dans un plus grand volume d'eau alors que d'autres, qui atteignent le cours d'eau par ruissellement, se retrouvent en concentration plus importante [29].

III.1.1. Echantillonnage

Un plan d'échantillonnage doit être établi de façon à entraîner un nombre aussi faible que possible d'opérations de prélèvement et d'analyses, tout en permettant d'obtenir un résultat qui soit une estimation suffisamment précise de la vraie valeur de la grandeur mesurée.

Ce plan dépend de la précision exigée pour le contrôle et la répartition du produit analysé dans le milieu contrôlé. Cette répartition, qui peut dépendre de plusieurs facteurs tels que le lieu ou la date du prélèvement, doit faire l'objet d'une étude expérimentale préliminaire.

Pour cela nous avons effectué deux prélèvements; le premier à la source de l'oued (Boudjellile). Et le 2e au niveau de l'exutoire de l'oued (Bougie plage) afin d'établir un bilan et faire un constat réel de l'état de la qualité de l'eau de l'oued. D'après les résultats d'analyses physico-chimiques obtenus de l'eau des deux points de prélèvement (voir Annexe1) nous avons conclu que l'eau de l'oued est polluée et nécessite l'établissement d'un plan d'échantillonnage.

En fait, les points de prélèvements doivent être choisis de préférence là où les variations sensibles de qualité sont probables, ou là où il y a un usage important de la rivière, rejets ou prélèvement importants. Les déversoirs ou les lieux de faibles déversements avec des effets très localisés, doivent être généralement évités [35].

Dans le cadre de notre étude nous avons opté pour quatre points de prélèvement qu'on a jugé comme étant les pollués:

Station 1 (S1) : Akbou, début de la zone d'étude, vers l'aval des unités industrielles
(Alcoval, laiterie Soummam, rejets domestiques….etc.).

Station 2 (S2) : Sidi Aïch ville (rejets domestiques, ERIAD Sidi Aïch, …etc.)

Station 3 (S3) : El-kseur (rejets domestiques, ALFADITEX Remila, ENAJUC et
ONAB El-kseur….etc.)

Station 4 (S4) : Bejaia à l'embouchure (rejets domestiques, CO.G.B, …etc.).

Toutefois, le prélèvement d'un échantillon d'eau est une opération délicate à laquelle le plus grand soin doit être apporté; il conditionne les résultats analytiques et leurs interprétations. L'échantillon doit être homogène, représentatif et obtenu sans modifier les caractéristiques physico-chimiques de l'eau [34].

Pour cela nous avons effectué les prélèvements en profondeur et en utilisant des bouteilles en plastique afin d'éliminer toute interaction entre la matière et l'échantillon. En ce qui concerne la conservation des échantillons nous avons utilisé une glacière gardant la température à 4°C et les analyses physico-chimiques ont été effectuées dans les premières 24 heures au laboratoire et cela pour ne pas altérer l'échantillon.

Tableau.20 **Caractéristiques des stations d'étude**

	Altitude (m)	Largeur (m)	Profondeur (cm)	Substrat	Vitesse du courant (m/s)
Station 1	465	[10-15]	80 à 100	Vase Galet	0,8
Station 2	95	[5-10]	40 à 50	Sable Cailloux	0,7
Station 3	85	[7-10]	40 à 60	Sable Cailloux	0,5
Station 4	1	[25-35]	120 à200	Vase Sable	Presque stagnante

III.1.2. NORMES DE QUALITE

Les qualités requises pour une eau sont fonction de son utilisation. Ainsi, les objectifs de qualité sont différents suivant que l'eau est utilisée pour la pisciculture, la baignade, la production de vapeur implique des exigences en ce qui concerne la salinité, l'eau destinée à l'alimentation humaine doit répondre à un ensemble de critères en ce qui concerne les paramètres microbiologiques et physico-chimiques.

En France, une grille de qualité a été établie pour chaque usage envisageable. Cette grille fixe 5 classes de qualité selon les usages que doivent satisfaire les eaux de surface et chaque classe regroupe les valeurs de plusieurs paramètres.

Selon l'utilisation de l'eau de l'oued Soummam nous avons choisi les normes de classe d'eau suffisantes pour l'irrigation, les usages industriels et la production d'eau potable après un traitement poussé. L'abreuvage des animaux est généralement toléré. Le poisson y vit normalement mais sa reproduction peut être aléatoire. Les loisirs liés à l'eau sont possibles (Annexe 1) [37].

En fait, l'objectif d'une analyse est d'établir d'une façon plus ou moins exhaustive les propriétés organoleptiques, physiques et chimiques d'une eau. La complexité des eaux naturelles, en particulier à cause de la pollution, nous incite à utiliser des méthodes sensibles telles que la Spectrophotométrie et la Spectroscopie d'absorption atomique [38].

III.1.3. METHODES PHYSIQUES D'ANALYSE UTILISEES

a) Spectrophotométrie d'absorption atomique (S.A.A)

La spectrophotométrie d'absorption atomique est une méthode très utilisée pour doser des métaux présents en solution en analyse chimique. C'est une méthode de dosage rapide, précise et permet la détection d'éléments en faible concentration. La spectrophotométrie d'absorption atomique est basée sur la capacité que possèdent les atomes neutres d'un élément d'absorber ses radiations lumineuses caractéristiques, c'est-à-dire celles qu'il émettrait s'il était excité.

Les atomes sont obtenus par atomisation dans un brûleur ou la solution contenant l'élément à doser est vaporisée. L'intensité des faisceaux lumineux, de même longueur d'onde que celles émises par les atomes excités, est mesurée avant et après passage à travers les atomes à l'état fondamental. La quantité d'énergie absorbée est directement proportionnelle au nombre d'atomes à doser.

La concentration de l'élément à doser est donnée par la loi de Beer Lambert :

$$Log\ (I_0/I) = K.L.C$$

Avec:

I_0 : intensité du faisceau lumineuse incident.

I : intensité du faisceau lumineux après absorption.

K : constante dépendant de la fréquence caractéristique de l'élément à doser.

L : longueur du trajet optique dans la flamme contenant l'élément à doser.

C : concentration de l'élément à doser.

Pour que cette loi soit exploitée il faut que le tracé présente une linéarité. Pour cela il faut que la solution à analyser soit limpide, pas de trouble ou de suspension et que la concentration soit très faible. Pour les concentrations élevées la loi n'est pas applicable puisque la courbe ne présente pas de linéarité [39].

b) Spectrophotométrie U.V visible

C'est une technique qui exploite les propriétés des composés à absorber la lumière. On utilise généralement des complexants qui donnent des couleurs avec les éléments à doser. Plus la teinte est vive, plus la concentration en élément (ion) de la solution est élevée, et inversement. En fait, c'est une technique comme dans le cas de la SAA, destinée à doser les composés en trace en solution aqueuse tels que (NO_3^-, NO_2^-, SO_4^{-2},

$P_2O_4^{-3}$ ...etc.) et qui exploite la loi de Beer Lambert. Dans ce cas, l'intensité de la couleur de la solution est fonction de la concentration de l'élément à doser [40].

III.1.4. Analyses physico-chimiques

III.1.4.1. Couleur

La coloration d'une eau peut être soit d'origine naturelle ; (éléments métalliques, matières humiques, micro-organismes liés à un épisode d'eutrophisation ...etc.), soit associée à sa pollution (composés organiques colorés).La coloration d'une eau est donc très souvent synonyme de la présence des composés dissous. D'une manière plus simple, une estimation de la couleur peut être déduite de l'examen visuel de l'échantillon placé dans un récipient large et incolore [41].La coloration a été évaluée par observation visuelle lors des prélèvements.

Tableau.21 Evaluation de la couleur de l'eau des différentes stations

Stations / Prélèvement	S1	S2	S3	S4
1er: 23/06/2003	Jaunâtre	Verdâtre	Vert grise	Jaunâtre
2eme : 01/07/2003	Jaunâtre	Verdâtre	Vert grise	Verdâtre
3eme : 08/07/2003	Jaunâtre	Verdâtre	Vert grise	Gris verdâtre
4eme : 14/07/2003	Jaunâtre	Verdâtre	Vert grise	Verdâtre
5eme : 21/07/2003	Jaune marron	Verdâtre	Vert grise	Marron
6eme : 28/07/2003	Jaune marron	Verdâtre	Vert grise	Marron

III.1.4.2. Température

Il est important de connaître la température de l'eau avec une bonne précision.

En effet, celle ci joue un rôle dans la solubilité des sels et surtout des gaz, dans la dissociation des sels dissous donc sur la conductivité électrique, dans la détermination du pH, pour la connaissance de l'origine de l'eau et des mélanges éventuels, ...etc. [20].

La mesure de la température a été effectuée sur le terrain, de même celle de l'air au même endroit et au même moment. La lecture est faite après une immersion de 10 minutes.

Tableau.22 **températures enregistrées lors des différents prélèvements**

N° Prélèvement	Date de prélèvement	Température (°C) Stations				Norme
		S1	S2	S3	S4	
1	23/06/2003	23	21	24	26	
2	01/07/2003	27	25	28	28	
3	08/07/2003	23	24	26	25	22-25°C
4	14/07/2003	28	29	28	29	
5	21/07/2003	30	29	28	27	
6	28/07/2003	29	27	27	26	

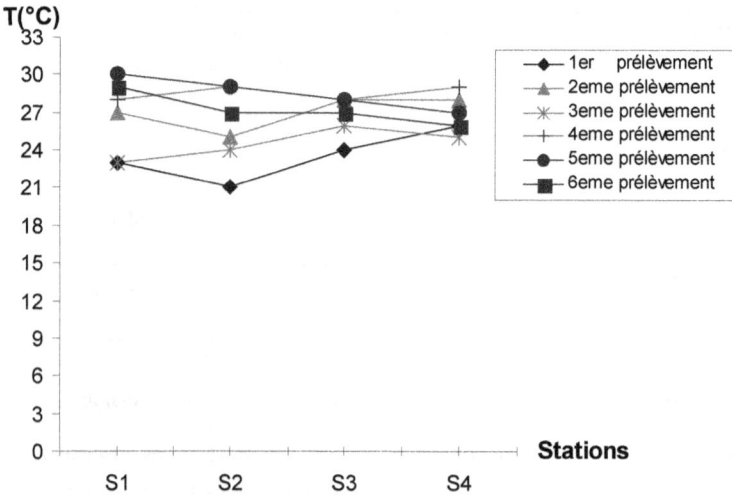

Figure3. Evolution de la température de l'eau de l'oued Soummam

III.1.4.3. Conductivité électrique

La mesure de la conductivité électrique, est probablement l'une des plus simples et plus importantes pour le contrôle de la qualité des eaux résiduaires. Valeur inverse de la résistivité, paramètre très largement utilisé en hydrogéologie, la conductivité est fonction de la concentration en espèces ionisés, principalement de nature minérale [41].

La conductivité a été mesurée au laboratoire à l'aide d'un appareil multi paramètres de référence (CONSORT C831). Elle est exprimée en Siemens/cm.

Tableau.23. Valeurs de conductivités enregistrées dans les différentes stations

N° Prélèvement	Date de prélèvement / Stations	Conductivité (ms/cm)				Norme
		S1	S2	S3	S4	
1	23/06/2003	3,08	2,96	2,95	5,48	
2	01/07/2003	3,08	2,99	2,95	6,81	
3	08/07/2003	3,28	2,93	3,33	16,33	1,5 ms/cm
4	14/07/2003	9,17	2,97	2,92	10,98	
5	21/07/2003	3,36	2,99	2,94	11,36	
6	28/07/2003	3,44	2,89	3,02	12,24	

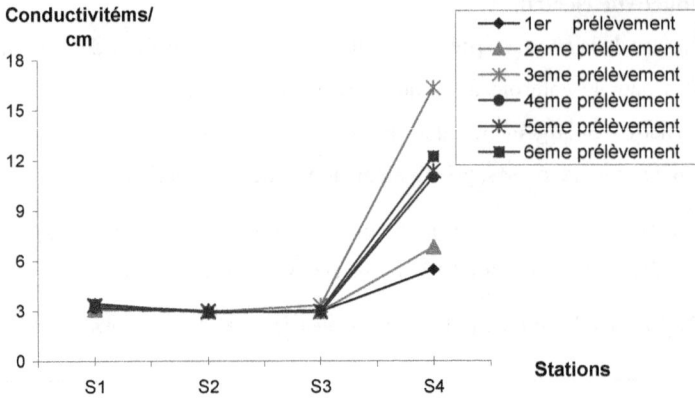

III.1.4.4. pH

a) Principe

La différence de potentiel existant entre une électrode de verre et une électrode de référence (au calomel saturé à KCl) plongeant dans une même solution, est fonction linéaire du pH de celle-ci [20].

b) Mode opératoire

Plonger la cellule dans l'eau à examiner et faire la lecture après stabilisation de la valeur affichée. Il est nécessaire d'effectuer un certain nombre de mesures pour s'assurer de la constance de la valeur obtenue.

La mesure a été effectuée au laboratoire en utilisant un appareil multi paramètres contenant une électrode de pH (CONSOR C831).

Tableau.24 pH de l'eau de l'oued

N° Prélèvement	pH					Norme
	Date de prélèvement \ Stations	**S1**	**S2**	**S3**	**S4**	
1	*23/06/2003*	7,74	8,00	8,2	8,18	
2	01/07/2003	8,45	8,18	8,17	8,75	
3	08/07/2003	7,76	8,17	8,42	7,95	6 à 9
4	14/07/2003	7,78	8,42	8,67	7,22	
5	21/07/2003	7,76	8,1	8,32	7,9	
6	28/07/2003	7,86	8,24	8,38	8,07	

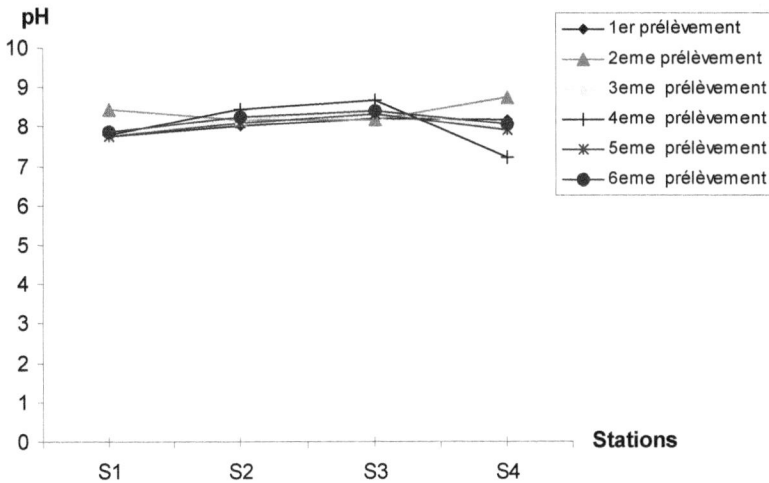

Figure.5 Variation du pH de l'eau des prélèvements

- 39 -

III.1.4.5. Dosage de l'oxygène dissous

• Méthode électrochimique

L'oxygène dissous est un composé essentiel de l'environnement aqueux puisqu' il est le paramètre limitant de la principale voie de biodégradation de la pollution organique [41].

L'oxymétre renferme une cellule de mesure avec deux électrodes (Ag, Au par exemple) baignant dans un électrolyte servant de support et enfermées dans une membrane de polyéthylène, de Téflon ou d'autres matières, cette membrane est sélective, c'est à dire perméable au gaz comme l'oxygène [20].

a) Principe

La réduction de l'oxygène, au niveau d'une cathode convenable, engendre un courant proportionnel à la pression partielle d'oxygène dans la solution.

b) Mode opératoire

L'étalonnage peut être effectué soit en utilisant une solution saturée par barbotage, soit directement à l'air, puisque la pression partielle de l'oxygène est la même dans l'air et dans un liquide saturé à 100 %. Le dosage est effectué directement en plongeant l'électrode dans l'eau à analyser.

c) Expression des résultats

Le résultat affiché sur l'appareil est la teneur en oxygène, exprimée en milligramme d'oxygène par litre.

Tableau.25 Teneur en oxygène dissous dans l'eau de l'oued

N° Prélèvement	Oxygène dissous (mg/l)				Norme
Date de prélèvement (Station)	S1	S2	S3	S4	
1 23/06/2003	9,3	9	8,6	7,9	
2 01/07/2003	6,9	6,8	6,5	6,3	
3 08/07/2003	8,7	8,2	7,95	6,4	> 5 mg/l
4 14/07/2003	5,4	5,2	5,1	4,6	
5 21/07/2003	6,4	6,3	5,2	5,0	
6 28/07/2003	5,9	6,2	5,7	4,1	

O.D (mg/l)

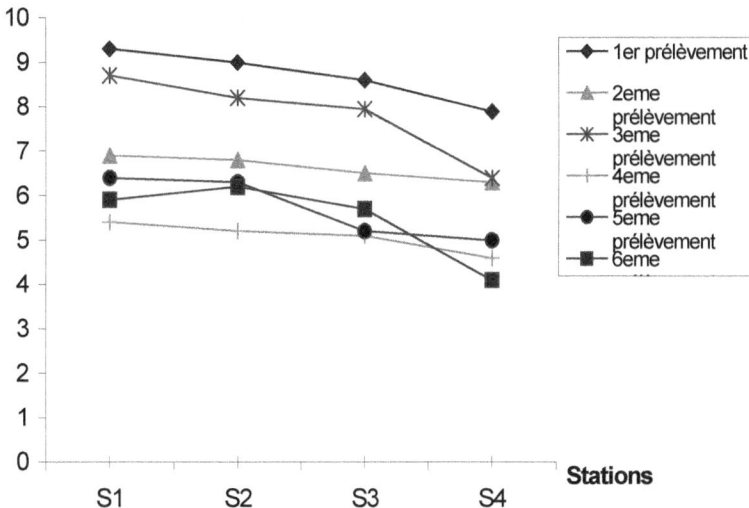

Figure.6 **Variation de l'oxygène dissous de l'eau des prélèvements**

II.1.4.6 Détermination de la demande chimique en oxygène

La DCO est une mesure de toutes les matières organiques (ou presque) contenues dans les eaux naturelles ou usées, qu'elles soient ou non biodégradables. L'oxydation est effectuée dans des conditions énergiques, par voie chimique. Elle se fait sous l'action d'un oxydant puissant (bichromate de potassium), en milieu acide fort (H_2SO_4) et au reflux pendant deux heures. Dans ces conditions, la plupart des matières organiques sont oxydées en CO_2 et H_2O à 90 ou à 100% les hydrocarbures aliphatiques, stables, nécessitent cependant l'emploi d'un catalyseur comme le sulfate d'argent (Ag_2SO_4); les hydrocarbures aromatiques et la pyridine résistent à cette oxydation, tout comme l'acide acétique CH_3COOH, bien que ce dernier soit biodégradable [38]

b) Mode opératoire

Introduire 70 ml d'eau à analyser dans un ballon de 500 ml ou éventuellement, une même quantité de dilution. Ajouter 1g de sulfate de mercure cristallisé et 5 ml de solution sulfurique de sulfate d'argent. Chauffer, si nécessaire, jusqu'à parfaite dissolution. Ajouter 25 ml de solution de dichromate de potassium 0,25 N puis 70 ml de solution sulfurique de sulfate d'argent. Porter à ébullition pendant deux heures sous réfrigérant à reflux adapté au ballon. Laisser refroidir, diluer à 350 ml avec l'eau distillée. Ajouter quelques gouttes de solution ferroïne. Déterminer la quantité nécessaire de solution de sulfate de fer et d'ammonium pour obtenir le virage au rouge violacé. Procéder aux mêmes opérations sur 50 ml d'eau distillée [36].

c) Expression des résultats

La DCO exprimée en milligrammes d'oxygène par litre est égale à :

$$DCO = \frac{8000 \times (V_0 - V_1) \times T}{V}$$

V_O : volume de sulfate de fer et d'ammonium nécessaire à l'essai à blanc (ml)

V_1 : volume de sulfate de fer et d'ammonium nécessaire au dosage (ml)

T   : titre de la solution de sulfate de fer et d'ammonium

V : volume de la prise d'essai

Tableau.26 Teneur en DCO dans l'eau de l'oued

N° Prélèvement	Date de prélèvement	Demande chimique en oxygène (mg/l)				Norme
	Stations	S1	S2	S3	S4	
1	*23/06/2003*	67,2	44,8	56,0	151,2	
2	01/07/2003	65,52	55,44	92,42	196,56	
3	08/07/2003	72,08	85,44	76,32	127,2	40 mg/l
4	14/07/2003	126	66	94	156	
5	21/07/2003	150	36	96	120	
6	28/07/2003	134	42	101	144	

DCO(mg/l)

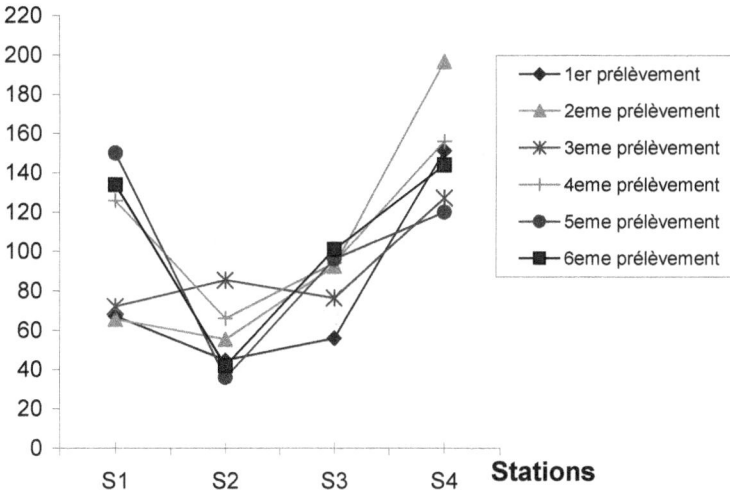

Figure.7 Evolution de la DCO de l'eau des prélèvements

III.1.4.7. Détermination de la demande biochimique en oxygène (DBO₅)

• Méthode par dilution

a) Principe

La demande biochimique en oxygène d'un échantillon est la quantité d'oxygène consommée par les micro-organismes aérobies présents ou introduits dans cet échantillon pour réaliser la dégradation des composés biodégradables présents. Il s'agit donc d'une méthode d'évaluation de la fraction des composés organiques biodégradables, donc plus restrictive que les méthodes basées sur l'oxydation chimique et catalytique de toutes les matières organiques oxydables [37].

b) Mode opératoire

Mettre un volume connu d'eau à analyser dans une fiole jaugée, compléter avec de l'eau de dilution. Homogénéiser. Vérifier que le pH est compris entre 6 et 8. Dans le cas contraire, préparer une nouvelle dilution en amenant le pH à une valeur voisine de 7 par addition d'acide sulfurique ou d'hydroxyde de sodium puis compléter au volume. Remplir complètement un flacon avec cette solution.

Bien boucher sans bulles d'air. Préparer également une série de dilution successive telle que la consommation d'oxygène soit voisine de 50% de la teneur initiale. Conserver les flacons à 20°C ±1°C à l'obscurité.

Mesurer l'oxygène dissous subsistant au bout de 5 jours. Pratiquer un essai témoin en dosant l'oxygène dissous dans l'eau de dilution et la consommation d'oxygène doit se tenir entre 0,5 et 1,5 mg/l. Dans le cas contraire, l'ensemencement par l'eau de dilution n'est pas convenable et il est nécessaire d'en modifier la préparation [36].

c) Expression des résultats

La valeur de DBO₅, exprimée en mg $O_2\ l^{-1}$, est égale à la consommation en oxygène divisé par le pourcentage de dilution.

$$DBO_5 = \frac{OD_i - OD_f}{P} x100$$

OD_i : teneur en oxygène dissous initial (mg/l).

OD_f : teneur en oxygène dissous final (mg/l).

P   : pourcentage de dilution.

Tableau.27 **Teneur en DBO₅ dans l'eau de l'oued**

N° Prélèvement	Demande biochimique en oxygène (mg/l)				Norme
	Station / Date de prélèvement	S1	S2	S3	S4	
1	*23/06/2003*	33,9	38,4	36,2	75	
2	01/07/2003	43,7	37,2	63,22	114,3	
3	08/07/2003	37,5	38,25	33,75	75,35	25 mg/l
4	14/07/2003	17	16,76	27,5	62	
5	21/07/2003	17,5	12,25	14	18,5	
6	28/07/2003	68	33	57	64	

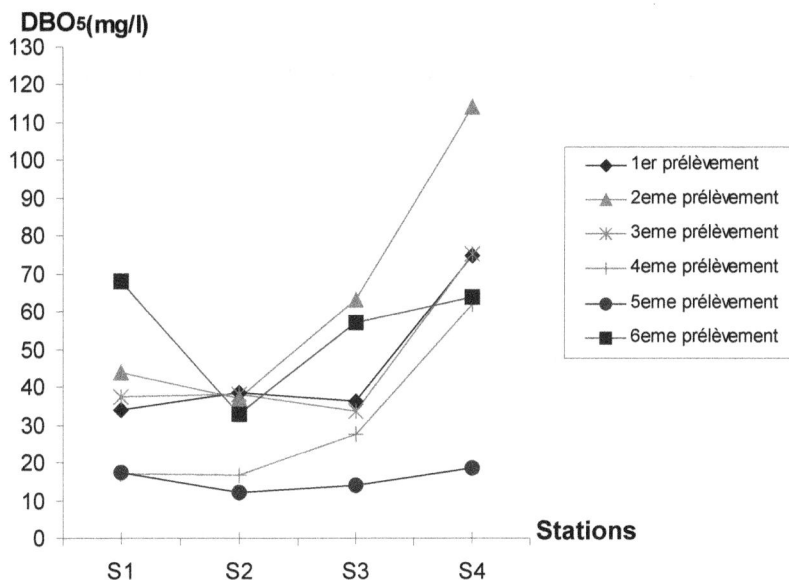

Figure.8 Evolution de la DBO₅ de l'eau de l'oued dans les
différentes stations lors des six prélèvements

• **Méthode néphélométrique à la formazine**

a) Principe

La mesure de la turbidité de l'eau peut s'effectuer en utilisant l'effet Tyndall ou l'opacimétrie, cette dernière est appliquée aux eaux de fortes turbidités(eaux résiduaires). Quel que soit le principe utilisé, l'appareil nécessite un étalonnage.

Etablissement de la courbe d'étalonnage

Numéroter une série de fioles bouchées à l'émeri de 50ml. Introduire dans chacune d'elles les quantités de réactifs indiquées ci-dessous.

Numéro des fioles	I	II	III	IV
Suspension fille (ml)	0	10	20	30
Eau distillée (ml)	30	20	10	0
Correspondance en unités	0	10	26,6	40

Parfaire l'homogénéisation. Introduire les quantités nécessaires dans la cuve de mesure. Effectuer les lectures photométriques à la longueur d'onde $\lambda=525nm$. Construire la courbe d'étalonnage [36].

b) Mode opératoire

Prélever 30ml d'eau à examiner après avoir rendu le prélèvement homogène. Effectuer la lecture 4 minutes après l'introduction de la cuve dans l'appareil. Se reporter à la courbe d'étalonnage.

c) Expression des résultats

La turbidité s'exprime en unités « formazine »

III.1.4.9. Matières en suspension

Les matières en suspensions rencontrées dans les eaux sont très diverses tant par leur nature que par leurs dimensions. Elles sont constituées par du quartz, des argiles, des sels minéraux insolubles et des particules organiques composées de microorganismes et de produits de dégradation animaux ou végétaux [37].

La détermination des matières en suspension dans l'eau s'effectue par filtration ou par centrifugation.

• **Méthode par filtration**

a) Principe

L'eau est filtrée et le poids de la matière retenue par le filtre est déterminé par pesées différentielles.

b) Mode opératoire

Laver le disque de filtration à l'eau distillée, le sécher à (150°c) jusqu'à masse constante, puis le peser à 0,1 mg prés après passage au dessiccateur.

Le mettre en place sur l'équipement de filtration. Mettre en service le dispositif d'aspiration. Verser l'échantillon (V) sur le filtre. Rincer la fiole ayant contenu l'eau à analyser avec 10 ml d'eau distillée. Faire passer sur le filtre cette eau de lavage. Laisser essorer le filtre, sécher à 105 °C. Laisser refroidir au dessiccateur et peser à 0,1 mg prés, jusqu'à poids constant [36].

c) Expression des résultats :

La teneur de l'eau en matières en suspension (mg/l) est donnée par l'expression

$$MES = \frac{M_1 - M_0}{V} \times 1000$$

Avec :

M_0 = masse du disque filtrant avant utilisation (mg).

M_1 = masse du disque filtrant après utilisation (mg).

V = volume d'eau utilisé (ml).

Tableau.28 Teneur des matières en suspensions dans l'eau de l'oued

N° Prélèvement	Date de prélèvement	MES (mg/l)				Norme
	Station	S1	S2	S3	S4	
1	*23/06/2003*	113,58	42,91	83,91	62,58	
2	01/07/2003	183,91	124	182,58	198,66	
3	08/07/2003	112,5	5	34,1	42,5	30 mg/l
4	14/07/2003	154	27,33	54,68	125,92	
5	21/07/2003	50,08	10,29	20,96	30,14	
6	28/07/2003	112,37	39,21	42,11	76,67	

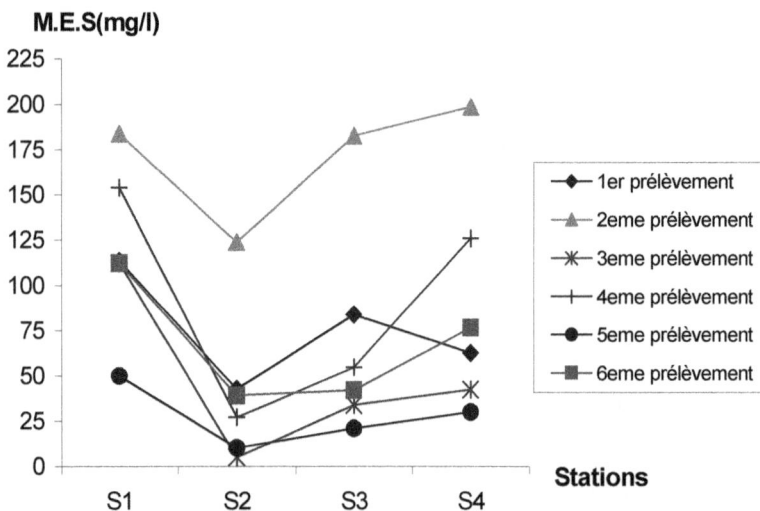

Figure.9 Variations des MES de l'eau des prélèvements

III.1.4.10. Dosage des Nitrates

• **Méthode au Salicylate de sodium**

a) Principe

En présence de salicylate de sodium, les nitrates donnent du paranitrosalisylate de sodium, coloré en jaune susceptible d'un dosage colorimétrique.

Etablissement de la courbe d'étalonnage

Dans une série de fioles jaugées de 50 ml, introduire successivement.

Numéros des fioles	T	II	II	III	IV
Solution étalon d'azote nitrique à 0,005 g/l	0	1	2	5	10
Eau distillée (ml)	10	9	8	5	0
Correspondance en mg/l d'azote nitrique	0	0,5	1	2,5	5
Solution de salicylate de sodium (ml)	1	1	1	1	1

Evaporer à sec dans une étuve portée à 75-80°C (ne pas réchauffer trop longtemps) reprendre le résidu par 2 ml d'acide sulfurique concentré en ayant soin de l'humecter complètement. Attendre 10 minutes, ajouter 15 ml d'eau bi distillée puis 15 ml de d'hydroxyde de sodium et tartrate double de sodium et de potassium qui développe la couleur jaune. Effectuer les lectures au spectromètre à la longueur d'onde de 415 nm. Soustraire des densités optiques lues pour les étalons, la valeur relevée pour le témoin. Construire la courbe d'étalonnage (voir Annexe2).

b) Mode opératoire

Introduire 10 ml d'eau dans une capsule de 60 ml (pour des teneurs en azote nitrique supérieures à 10 mg\l opérer une dilution). Alcaliniser faiblement avec la solution d'hydroxyde de sodium. Ajouter 1ml de solution de salicylate de sodium puis poursuivre le dosage comme pour la courbe d'étalonnage, préparer de la même façon un témoin avec 10 ml d'eau bi distillée, effectuer les lectures au spectromètre à la longueur d'ondes de 415 nm et tenir compte de la valeur lue pour le témoin. Se reporter à la courbe d'étalonnage [36].

c) Expression des résultats

Pour une prise d'essai de 10 ml, la courbe en Annexe2 donne directement la teneur en azote nitrique exprimée en milligrammes par litre d'eau. Pour obtenir la teneur en Nitrate (NO_3^-) multiplier ce résultat par 4,34.

Tableau.29 Teneur en nitrates dans l'eau de l'oued

N° Prélèvement	Date de prélèvement	NO$_3^-$ (mg/l)				Norme
	Stations	S1	S2	S3	S4	
1	23/06/2003	25,82	26,93	70,55	56,37	
2	01/07/2003	67,56	50,21	39,87	87,12	
3	08/07/2003	78,28	21,42	28,06	62,19	44 mg/l
4	14/07/2003	26,58	68,67	53,16	71,92	
5	21/07/2003	64,94	81,21	71,58	126,09	
6	28/07/2003	84,67	74,82	51,23	94,84	

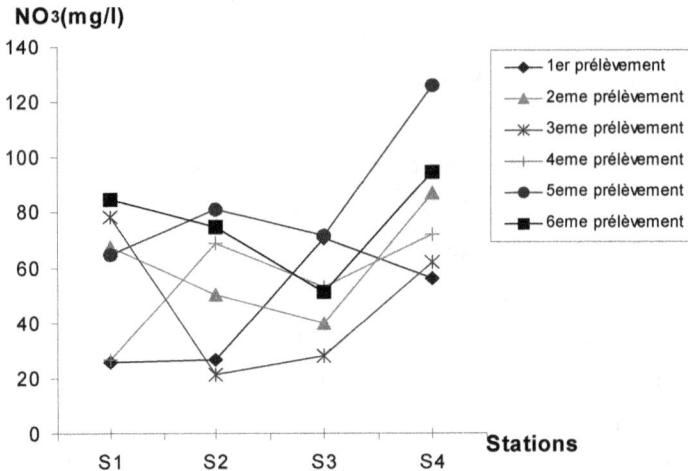

Figure.10 Variation des nitrates de l'eau des différents prélèvements

III.1.4.11. Dosage des nitrites

• Méthode au réactif de Zambelli

a) Principe

L'acide sulfanilique en milieu chlorhydrique en présence d'ion ammonium et de phénol, forme avec les ions NO_2^- un complexe coloré jaune dont l'intensité est proportionnelle à la concentration en nitrites.

Etablissement de la courbe d'étalonnage

Dans une série de fioles jaugées à 50 ml et numérotées introduire successivement en agitant après chaque addition :

Numéro de fioles	T	I	II	III	IV	V
Solution fille étalon à 0,0023g/l de NO_2^- (ml)	0	1	5	10	15	20
Eau distillée (ml)	50	49	45	40	35	30
Réactif de Zambelli (ml)	2	2	2	2	2	2

Attendre 10 minutes et ajouter :

Ammoniaque pure (ml)	2	2	2	2	2	2
Correspondance en mg/l de NO_2^-	0	0,046	0,23	0,46	0,63	0,92

Effectuer les lectures au spectromètre à la longueur d'onde de 435 nm. Construire la courbe d'étalonnage (Annexe2).

b) Mode Opératoire

Prélever 50 ml d'eau à analyser, ajouter 2 ml de réactif de Zambelli. Agiter et laisser au repos 10 minutes. Ajouter ensuite 2 ml d'ammoniaque pure ; effectuer la lecture au spectromètre à la longueur d'onde de 435 nm et tenir compte de la valeur lue pour le témoin. Se reporter à la courbe d'étalonnage [36].

c) Expression des résultats

Pour une prise d'essai de 50 ml, la courbe en Annexe2 donne directement la teneur en NO_2^- exprimée en milligramme par litre d'eau.

Tableau.30 Teneur en Nitrites dans l'eau de l'oued

N° Prélèvement	NO$_2^-$(mg/l)				Norme
Date de prélèvement	S1	S2	S3	S4	
1 23/06/2003	0,57	0,5	0,55	0,92	
2 01/07/2003	0,94	0,55	0,29	0,51	
3 08/07/2003	1,825	0,29	0,6	0,785	1 mg/l
4 14/07/2003	1,63	0,39	0,19	0,445	
5 21/07/2003	1,17	0,84	0,54	0,51	
6 28/07/2003	1,27	0,79	0,640	0,58	

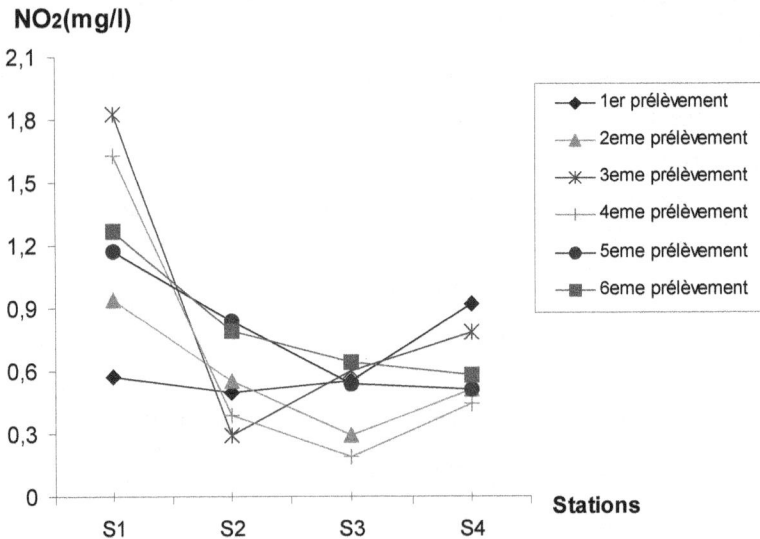

Figure.11 Variation des nitrites de l'eau des prélèvements

III.1.4.12 Dosage des phosphates

• **Méthode au molybdate d'ammonium**

a) Principe

Les ions orthophosphates peuvent être doses avec précision par colorimétrie. Ils réagissent avec le molybdate d'ammonium pour donner de l'acide molybdophosphorique. Cet acide donne lieu à diverses réactions colorées. La réaction au chlorure stanneux ou à l'acide ascorbique, on obtient du molybdène qui développe une coloration bleu susceptible d'un dosage spectrophotométique à une longueur d'onde de 690 nm [42].

Etablissement de la courbe d'étalonnage

Par dilution de la solution mère, préparer 5 étalons contenant de 0 à 0,5 mg\l de phosphate selon le tableau suivant.

Numéro des fioles	T	I	II	III	IV	V
Solution standard de phosphate 0,005 g/l	0	1	2	3	4	5
Eau distillée (ml)	40	40	40	40	40	40
Solution de chlorure de stanneux (goûtes)	10	10	10	10	10	10
Solution acide molybdate (ml)	4	4	4	4	4	4
Equivalent en mg/l de phosphate	0	0,1	0,2	0,3	0,4	0,5

b). Mode opératoire

Introduire 40 ml d'eau à analyser dans une fioles jaugée de 50 ml ajouter 4 ml de solution de l'acide molybdate, puis on ajoute 10 gouttes de la solution de chlorure stanneux. Ajuster jusqu'au trait de jauge avec l'eau distillée, bien mélanger. Laisser 5 minutes puis effectuer les lectures au spectromètre à la longueur d'onde de 690 nm [42].

c) Expression des résultats

Tenir compte de la valeur lue par le témoin et tracer la courbe d'étalonnage.

Les concentrations des échantillons en phosphates sont obtenues à partir de la courbe d'étalonnage (Annexe2).

Tableau.31 Teneur en phosphate dans l'eau de l'oued

N° Prélèvement	Date de prélèvement	P₂O₅(mg/l) Stations				Norme
		S1	S2	S3	S4	
1	23/06/2003	0,068	0,23	0,082	0,042	
2	01/07/2003	0,025	0,09	0,044	0,106	
3	08/07/2003	0,0875	0,097	0,034	0,069	0,7 mg/l
4	14/07/2003	0,260	0,037	0,043	0,122	
5	21/07/2003	0,420	0,250	0,030	0,210	
6	28/07/2003	0,690	0,180	0,027	0,140	

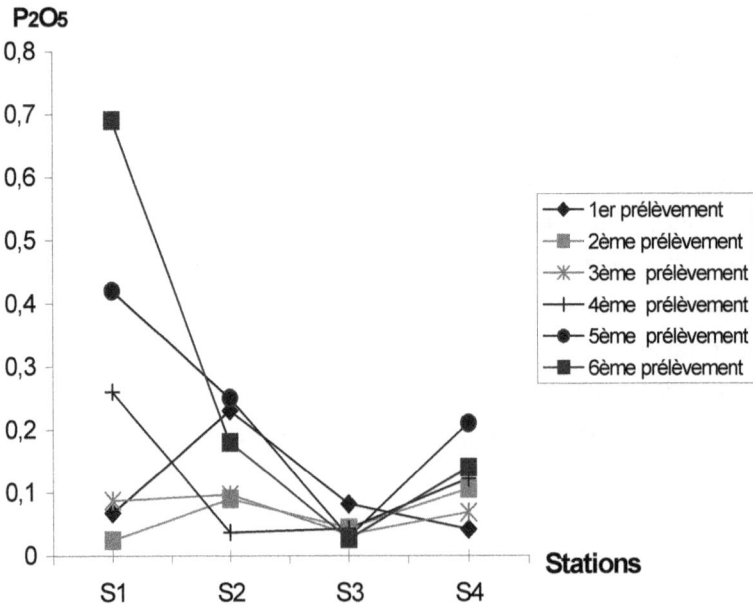

Figure.12 Variation en phosphates dans l'eau des prélèvements

III.1.4.13. Dosage des Sulfates

• **Méthode par turbidimétrie**

a) Principe

Le dosage des sulfates est basé sur la réaction en milieu acide, entre l'ion sulfate et le chlorure de baryum, qui conduit quantitativement à la formation de sulfate de baryum, sel très peu soluble :

$$Ba^{+2} \; 2Cl^- + SO_4^{-2} \longrightarrow BaSO_4 + 2Cl^-$$
$$\downarrow \text{blanc}$$

Etablissement de la courbe d'étalonnage

Dans une série de fioles jaugées de 100ml, préparer les dilutions suivantes :

Numéros des fioles	T	I	II	III	IV
Solutions étalon de sulfates à100mg/l	0	10	20	30	40
Eau distillée (ml)	100	90	80	70	60
Equivalent en mg/l de sulfates	0	10	20	30	40

b) Mode opératoire

Dans un erlen de 250 ml placé sur un agitateur magnétique, verser 100 ml d'échantillon ou de solution étalon. Ajouter à la pipette 5ml de la solution stabilisante. Agiter ; la vitesse d'agitation devra être maintenue constante pendant toute la durée de l'expérience. Ajouter environ 0,4 g de $BaCl_2$ et agiter 1minute, puis verser la suspension dans la cellule de mesure. Attendre 3 ou 4 minutes que la turbidité se développe, puis faire la lecture sur l'appareil, ne pas attendre plus de 10 minutes après l'addition de $BaCl_2$. Commencer par le témoin afin de pouvoir régler le 100% de transmission et faire la soustraction du témoin [38].

c) Expression des résultats

Pour un échantillon de 100 ml (pour des faibles teneurs en SO_4^{-2}) la courbe (Annexe2) donne directement la concentration en SO_4^{-2} en mg/l.

Tableau.32 Teneur en sulfates de l'eau de l'oued

N° Prélèvement	SO$_4^{-2}$(mg/l)					Norme
	Stations / Date de prélèvement	S1	S2	S3	S4	
1	23/06/2003	248	376	328	620	
2	01/07/2003	680	500	530	1300	250 mg/l
3	08/07/2003	600	500	460	700	
4	14/07/2003	310	510	550	685	
5	21/07/2003	470	275	245	735	
6	28/07/2003	725,43	312,21	429,20	931,08	

SO4(mg/l)

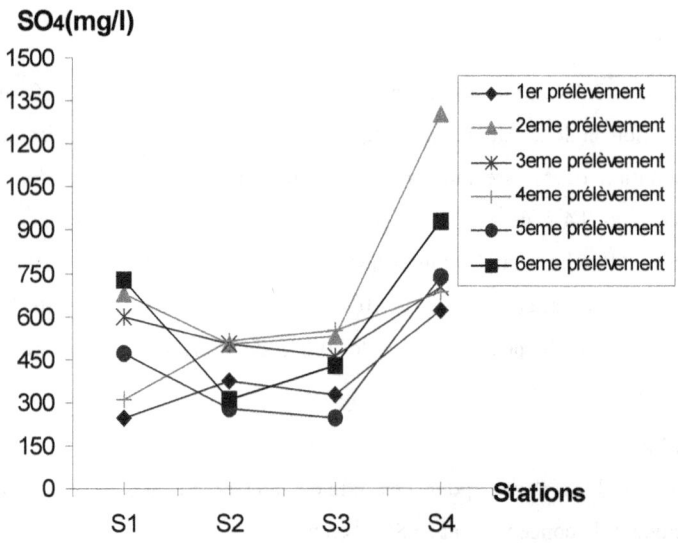

Figure.13 Evolution du sulfate de l'eau des prélèvements

III.1.4.14Chlorure

• **La méthode de Mohr**

a) Principe

Les chlorures sont dosés en milieu neutre par une solution titrée de nitrate d'argent en présence de chromate de potassium. La fin de la réaction est indiquée par l'apparition de la teinte rouge caractéristique du chromate d'argent [36].

b) Mode Opératoire

A 100 ml d'échantillon (ou à un volume V d'échantillon dilué à 100 ml) ajouter à la pipette 1 ml d'indicateur $K_2Cr_2O_7$ titrer par addition progressive de nitrate d'argent jusqu'à obtention d'une coloration à peine brunâtre ou, mieux, jusqu'à ce que la solution cesse d'être jaune citron. Pour chaque type d'eau étudiée faire ce dosage en double. Noter la chute de burette moyenne [37].

c) Expression des résultats

$$Cl^- = \frac{N_{AgNO_3} \times V_{AgNO_3}}{V_{éch}} \times 35,5 \times 1000$$

N : Normalité de $AgNO_3$ =0,01N

V : Volume d'échantillon (ml).

V': Volume d'AgNO3 (ml).

Tableau.33 Teneur en chlorure dans l'eau de l'oued

N° Prélèvement	Cl⁻(mg/l)					Norme
	Date de prélèvement / Stations	S1	S2	S3	S4	
1	23/06/2003	399,37	355	352,78	887,5	200 mg/l
2	01/07/2003	724,2	653,2	648,94	2307,5	
3	08/07/2003	958,5	681,6	2928,75	2982	
4	14/07/2003	820,05	663,85	688,7	4331	
5	21/07/2003	781	639	710	4189	
6	28/07/2003	868,14	629,62	682,76	3673	

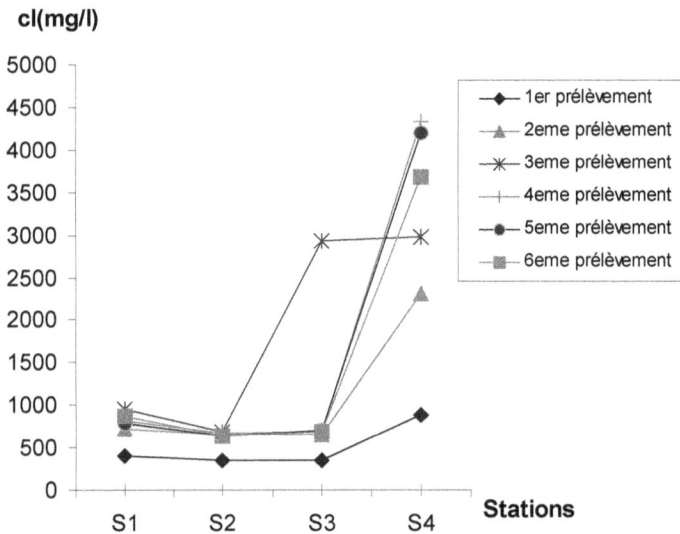

Figure.14 **Variation en chlorure de l'eau des prélèvements**

III.1.4.15. Dosage d'azote ammoniacal

• Méthode de Nesslérisation

a) **Principe**

La méthode colorimétrique usuelle est la nesslérisation. Le réactif de Nessler est un mélange, en milieu alcalin, d'iodure de potassium KI et d'iodure mercurique HgI_2. En présence d'ammoniac, on obtient un composé jaune-orangé.

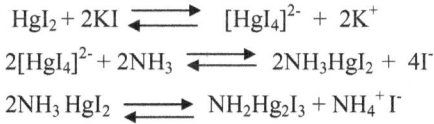

$$HgI_2 + 2KI \rightleftharpoons [HgI_4]^{2-} + 2K^+$$
$$2[HgI_4]^{2-} + 2NH_3 \rightleftharpoons 2NH_3HgI_2 + 4I^-$$
$$2NH_3\,HgI_2 \rightleftharpoons NH_2Hg_2I_3 + NH_4^+\,I^-$$

L'intensité de la couleur est proportionnelle à la quantité initiale d'azote ammoniacal contenue dans l'échantillon [38]

Etablissement de la courbe d'étalonnage

Dans une série de fioles jaugées de 100 ml préparer les dilutions suivantes

Numéros de fioles	T	I	II	III	IV	V
Solution étalon à 10mg/l	0	1	4	8	12	16
Eau distillée (ml)	100	100	100	100	100	100
Correspondance en mg/l	0	0,1	0,4	0,8	1,2	1,6

b) **Mode opératoire**

A 100 ml d'échantillon ajouter, au besoin 1 goutte d'arsénite et 1 ml de la solution de sulfate de zinc. Ajuster le pH à 10,5 par addition de NaOH puis laisser reposer quelques minutes. Il se forme un floc danse. Laisser décanter, filtrer la solution surnageante. Rejeter les 25 premiers ml de filtrat après cela prélever 50 ml de filtrat et lui ajouter 1 goutte d'EDTA et 2 ml de réactifs de Nessler tout en ayant soin de bien mélanger. Laisser la couleur se développer 20 minutes et même 30 minutes pour les faibles concentrations puis mesurer à l'aide de spectromètre à longueur d'onde de λ =420 nm l'absorbance de l'échantillon [38].

c) **Expression des résultats**

La valeur lue sur le spectromètre on doit lui soustraire la valeur lue pour le témoin et on se rapportant à la courbe d'étalonnage (Annexe2) on aura la concentration en azote ammoniacal en (mg/l) de l'échantillon.

Tableau.34 **Teneur en azote ammoniacal dans l'eau de l'oued**

N° Prélèvement		NH$_4^+$(mg/l)				Norme
	Stations / Date de prélèvement	S1	S2	S3	S4	
1	23/06/2003	0,113	0,18	0,55	1,25	
2	01/07/2003	2,1	2,2	1,65	1,75	
3	08/07/2003	0,35	0,4	1	1,15	2 mg/l
4	14/07/2003	0,05	1,45	0,65	1,1	
5	21/07/2003	0,35	2,4	0,3	1,25	
6	28/07/2003	0,42	1,63	1,24	1,67	

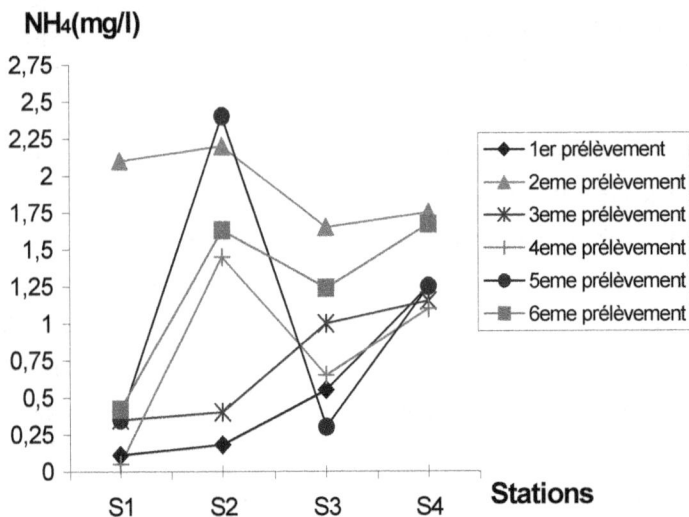

Figure.15 variation en azote ammoniacal dans l'eau des prélèvements

III.1.4.16. Dosage du fer

• Méthode par absorption atomique

a) Principe

Cette méthode physique d'analyse utilise les propriétés qu'ont les atomes neutre d'absorber à une certaine longueur d'onde un quantum d'énergie [36].

Etablissement de la courbe d'étalonnage

Dans une solution de fioles jaugées de 50 ml préparer les dilutions suivantes :

Numéros des fioles	T	I	II	III	IV	V	VI
Solutions étalon de fer à10mg/l (ml)	0	1	2	4	6	8	10
Acide nitrique (ml)	1	1	1	1	1	1	1
Eau distillée (ml)	20	19	18	16	14	12	10
Equivalent en mg/l de fer	0	0,5	1,0	2,0	3,0	4,0	5,0

b) Mode opératoire

Mettre une quantité d'échantillon dans une fiole jaugée. Introduisez le tube d'aspirateur dans l'échantillon afin d'aspirer une quantité d'échantillon qui sera entraînée vers la flamme de l'appareille cette dernière atomise la solution et on aura l'absorbance correspondante à l'élément dosé (le fer) [36].

c) Expression des résultats

La courbe d'étalonnage (Annexe2) donne la lecture en fer exprimée en milligrammes par litre d'eau.

Tableau.35 **Teneur en fer dans l'eau de l'oued**

N° Prélèvement	Date de prélèvement	Fe (mg/l)				Norme
	Stations	S1	S2	S3	S4	
1	23/06/2003	14,72	4,01	0	0,87	
2	01/07/2003	0	0	0,09	0,58	
3	08/07/2003	5,75	0,1	0,053	1,34	1,5 mg/l
4	14/07/2003	2,94	0	0	0,66	
5	21/07/2003	6,37	1,51	0,12	1,16	
6	28/07/2003	4,17	1,36	0,14	2,35	

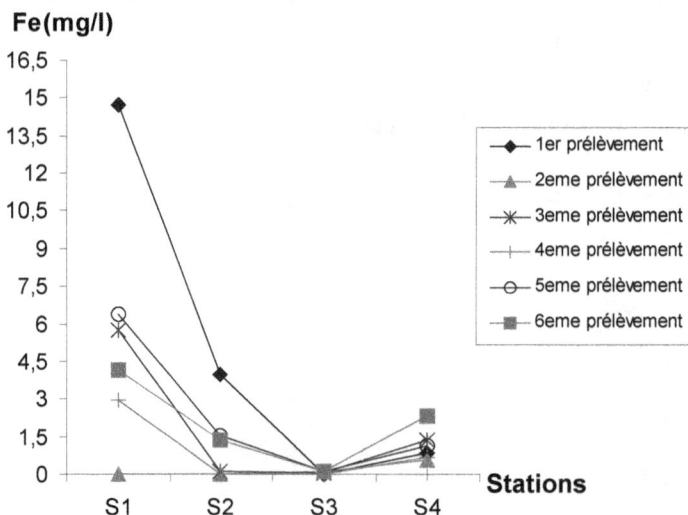

Figure.16 Variation en fer de l'eau des prélèvements de l'oued
Soummam

III.1.4.17. Dosage de cuivre

a) Principe

La solution est pulvérisée dans une flamme ou elle est transformée en vapeur atomique. On envoie sur les vapeurs une radiation caractéristique des atomes à doser, la radiation est absorbée par les atomes non excités [36].

Etablissement de la courbe d'étalonnage

Dans une série de fioles jaugées de 50 ml introduire :

Numéros des fioles	T	I	II	III	IV	V	VI	VII	VIII	IX
Solutions étalon de cuivre à 10mg/l (ml)	0	1,25	2,5	5	7,5	8,75	11,25	13,75	15	17,5
Acide nitrique (ml)	1	1	1	1	1	1	1	1	1	1
Eau distillée (ml)	50	50	50	50	50	50	50	50	50	50
Equivalent en mg/l de cuivre	0	0,25	0,5	1,0	1,5	1,75	2,25	2,75	3,0	3,5

Effectuer les lectures au spectromètre d'absorption atomique à la longueur d'onde λ = 324, 8 nm.

b) **Mode opératoire**

Nébuliser l'eau à analyser dans une flamme air acétylène légèrement oxydante en intercalant de l'eau distillée entre chaque échantillon. Effectuer la lecture au spectromètre d'absorption atomique à la longueur d'onde λ=324,8 nm [36].

c) **Expression des résultats**

Pour une prise d'essai, la courbe (Annexe2) donne directement la teneur en cuivre exprimée en mg/l

Tableau.36 **Teneur en cuivre dans l'eau de l'oued**

N° Prélèvement	Date de prélèvement Stations	Cu (mg/l)				Norme
		S1	S2	S3	S4	
1	23/06/2003	0,236	0,208	0,205	0,200	
2	01/07/2003	0,192	0,186	0,187	0,239	
3	08/07/2003	0,260	0,250	0,258	0,239	1 mg/l
4	14/07/2003	0,196	0,152	0,225	0,200	
5	21/07/2003	0,199	0,183	0,145	0,140	
6	28/07/2003	0,133	0,142	0,130	0,236	

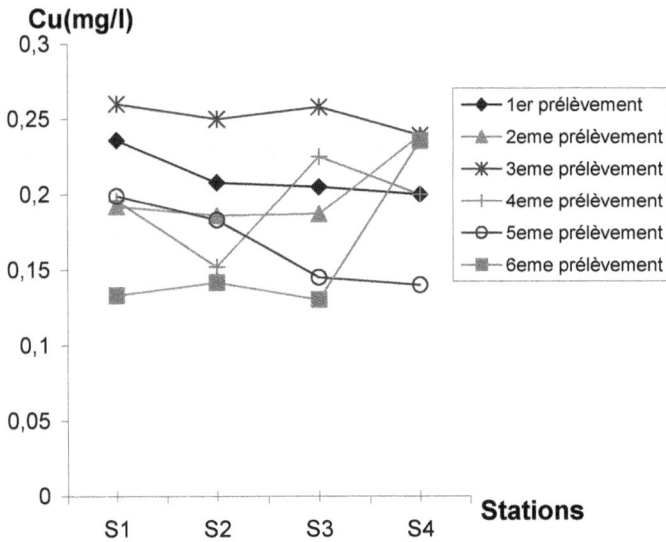

Figure.17 Variation en cuivre de l'eau des prélèvements

III.1.4.18. Dosage du zinc

a) Principe

La solution est entraînée par un courant d'air vers une flamme, ou elle est atomisée.

Etablissement de la courbe d'étalonnage

Dans une série de fioles jaugées à 20 ml préparer les dilutions suivantes :

Numéros des fioles	T	I	II	III	IV	V	VI	VII	VIII
Solutions étalon de cuivre à10mg/l (ml)	0	0,2	0,4	0,8	1,2	1,6	2	2,4	2,8
Acide nitrique (ml)	0,15	0,15	0,15	0,15	0,15	0,15	0,15	0,15	0,15
Eau distillée (ml)	20	19,8	19,6	19,2	18,8	18,4	18,0	17,6	17,2
Equivalent en mg/l de cuivre	0	0,1	0,2	0,4	0,6	0,8	1,0	1,2	1,4

b) **Mode opératoire**

Introduire dans une fiole une quantité d'échantillon et effectuer la lecture au spectromètre d'absorption atomique à la longueur d'onde $\lambda=213{,}8nm$ [36].

c) **Expression des résultats**

Pour une prise d'essai de 50 ml, la courbe (Annexe2) donne directement la teneur en zinc exprimée en milligrammes par litre d'eau.

Tableau.37 **Teneur en zinc dans l'eau de l'oued**

N° Prélèvement	Date de prélèvement	Zinc (mg/l)				Norme
	Stations	S1	S2	S3	S4	
1	23/06/2003	0,0302	0,391	0,149	0,088	5 mg/l
2	01/07/2003	0,0537	0,427	0,101	0,97	
3	08/07/2003	0,101	0,49	0,50	0,79	
4	14/07/2003	0,195	0,152	0,224	0,213	
5	21/07/2003	0,033	0,137	0	0	
6	28/07/2003	0,0014	0,064	0,0024	0,16	

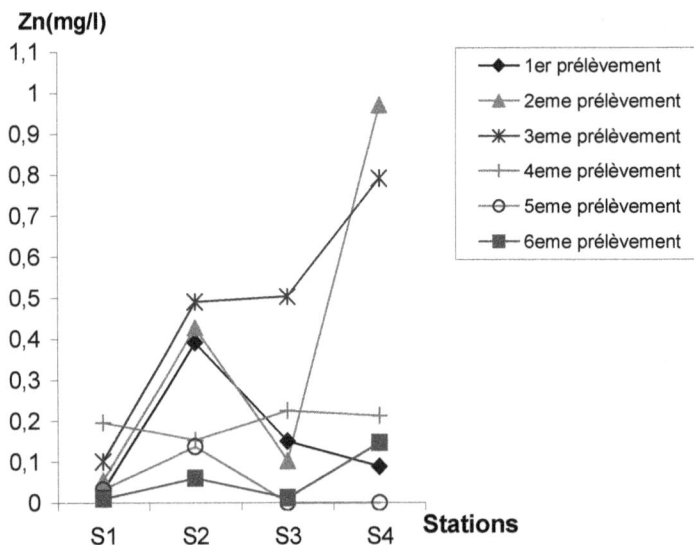

Figure.18 Variation en zinc dans l'eau des prélèvements

III.1.4.19 Dosage du cadmium

• Méthode par absorption atomique

a) Principe

La solution est entraînée par un courant d'air vers une flamme, ou elle est atomisée.

Etablissement de la courbe d'étalonnage

Dans une série de fioles jaugées à 50 ml préparer les dilutions suivantes :

Numéros des fioles	T	I	II	III	IV	V	VI
Solutions étalon de cadmium à 10 mg/l (ml)	0	0,5	1	2	3	4	5
Acide nitrique (ml)	1	1	1	1	1	1	1
Eau distillée (ml)	50	49,5	49	48	47	46	45
Equivalent en mg/l de cadmium	0	0,1	0,2	0,4	0,6	0,8	1,0

b) Mode opératoire

Nébuliser l'eau à analyser dans une flamme air acétylène légèrement oxydante en intercalant de l'eau distillée entre chaque échantillon. Effectuer la lecture au spectromètre d'absorption atomique à la longueur d'onde $\lambda=228,8$ nm.

c) Expression des résultats

Pour une prise d'essai de 50 ml, la courbe (Annexe2) donne directement la teneur en cadmium exprimée en milligrammes par litre d'eau.

Tableau.38 **Teneur en cadmium dans l'eau de l'oued**

N° Prélèvement	Date de prélèvement	Cd (mg/l)				Norme
	Stations	S1	S2	S3	S4	
1	23/06/2003	0,0167	0,0081	0,0082	0,0193	
2	01/07/2003	0,0161	0,0101	0,0164	0,0164	
3	08/07/2003	/	/	/	/	0,05mg/l
4	14/07/2003	0,0177	0,0175	0,0218	0,0248	
5	21/07/2003	0,0125	0,0229	0,0221	0,0265	
6	28/07/2003	0,01400	0,0210	0,0074	0,0360	

III.1.4.20. Dosage du plomb

• Méthode par spectroscopie d'absorption atomique

a) Principe

Cette méthode physique d'analyse utilise les propriétés qu'ont les atomes neutre d'absorber à une certaine longueur d'onde un quantum d'énergie.

Etablissement de la courbe d'étalonnage

Dans une série de fioles jaugées à 50 ml préparer les dilutions suivantes :

Numéros des fioles	T	I	II	III	IV	V	VI
Solutions étalon de plomb à100mg/l (ml)	0	1,25	2,5	5	7,5	10	12,5
Acide nitrique (ml)	1	1	1	1	1	1	1
Eau distillée (ml)	50	50	50	50	50	50	50
Equivalent en mg/l de plomb	0	2,5	5	10	15	20	25

b) Mode opératoire

Introduire dans une fiole jaugée de 50 ml la solution à doser et effectuer la lecture au spectromètre d'absorption atomique à la longueur d'onde de 283,3 nm [36].

c) Expression des résultats

Pour une prise d'essai de 50 ml la courbe d'étalonnage donne directement la teneur en plomb en milligrammes par litre.

Tableau.39 **Teneur en plomb dans l'eau de l'oued**

N° Prélèvement	Date de prélèvement \ Stations	Pb(mg/l)				Norme
		S1	S2	S3	S4	
1	23/06/2003	0,00	0,00	0,00	0,00	
2	01/07/2003	0,00	0,00	0,00	0,00	
3	08/07/2003	0,00	0,00	0,00	0,00	0,05 mg/l
4	14/07/2003	0,00	0,00	0,00	0,00	
5	21/07/2003	0,00	0,00	0,00	0,00	
6	28/07/2003	0,00	0,00	0,00	0,00	

ANALYSE DES RESULTATS ET PROPOSITIONS

L'analyse des résultats est une étape déterminante, car elle a pour objectif de révéler les principales sources d'éléments déjà analysés et leur origine ainsi que les facteurs influençant leurs variations.

En effet, l'analyse des résultats obtenus peut nous permettre de savoir le type de pollution et l'état actuel de l'oued ainsi que celui de la nappe phréatique. Pour cela tous les soins ont été apportés aux analyses.

Discussions des résultats d'analyses des eaux de l'oued Soummam

1. Couleur

Les eaux naturelles sont toujours plus ou moins colorées. Leur couleur varie du jaune paille à peine perceptible au brun rougeâtre. La concentration de la couleur de l'eau de l'oued Soummam varie également d'une station à une autre cela est due essentiellement à la nature et à la concentration des matières colorantes.

En fait, la couleur jaunâtre de l'eau de la 1ere station est due à la nature du lit de l'oued au niveau de cette station constitué principalement d'argile ainsi qu'à la couleur jaunâtre des eaux usées des laiteries implantées en amont de cette station. Par ailleurs, la couleur verdâtre observée au niveau de la 2ème et de la 3ème station lors des six prélèvements est due essentiellement à la dégradation des matières végétales ainsi qu à la présence d'algues.

Cependant, on a remarqué un changement de couleur de l'eau au niveau de la 4ème station du verdâtre lors des quatre premiers prélèvements au marron lors des deux derniers prélèvements. Ce changement de couleur pourrait être attribué à la couleur de la terre en raison des précipitations enregistrées quelques jours avant les deux derniers prélèvements.

2. Température

La température de l'eau est un paramètre très important pour la vie aquatique car beaucoup de paramètres sont fonction de la température (oxygène dissous, sels dissous,...etc.). Nous constatons d'après les résultats obtenus (tableau.22) que la température varie d'une station à une autre et d'un prélèvement à un autre. En effet, la température de l'eau de l'oued est proportionnelle à celle de l'air de chaque prélèvement des différentes stations.

D'après les résultats obtenus la température des différentes stations lors des six prélèvements varie de 21 à 30°C, la plus part de ces valeurs ne sont pas conformes à la norme (22-25°C).

Globalement nous remarquons que la température diminue de la 1ere à la 2ème station puis elle augmente de la 2ème à la 4ème station et cela lors des six prélèvements. En fait, la valeur la plus élevée est enregistrée lors du 5ème prélèvement au niveau de la 1ere station et cela est dû à la température ambiante régnant au moment du prélèvement.

En revanche, nous avons enregistré une température plus basse lors du 1ere prélèvement, au niveau de la 2ème station, et cela en raison de la faible température ambiante enregistrée lors du prélèvement.

3. pH

Les résultats illustrés dans le tableau 24 montrent que le pH de l'eau de l'oued Soummam varie de 7,22 à 8,75 et cela pour les échantillons des 06 prélèvements au niveau des 04 stations. Toutes ces valeurs sont conformes à la norme (6 à 9).

4. Conductivité

Les résultats rapportés dans le tableau 23 montrent que les valeurs de la conductivité ne répondent pas à la norme exigée (1,5 ms/cm). Elles varient de 2,89 à 16,33 ms/cm.

La conductivité diminue de la 1^{ere}à la 3^{ème}station puis elle augmente de la 3^{ème}à la 4^{ème}station et cela lors des six prélèvements. Les valeurs élevées de la conductivité enregistrées au niveau de la 4ème station pourront être expliquées par le volume important des rejets domestiques ainsi qu'aux effluents industriels à caractère agro-alimentaire déversés en amont de cette station

5. Oxygène dissous

Les résultats illustrés dans le tableau.25 montrent clairement que la teneur en oxygène dissous varie de 4,1 à 9,3 mg/l.

Par ailleurs, et à l'exception des concentrations enregistrées lors du 4^{ème}et du 6ème prélèvement au niveau de la 4ème station, les résultats sont conformes à la norme requise (5 mg/l)

On a remarqué une diminution graduelle de la teneur en oxygène dissous de la 1ere à la 4ème station pendant les six prélèvements. Cela pourrait être expliqué par le débit et la température de l'eau de l'oued qui sont proportionnelles à la concentration en oxygène dissous. En fait, Au niveau de la 4ème station, les faibles teneurs en oxygène dissous sont probablement dues à l'accumulation des rejets d'une station à une autre, principalement en matières organiques et en sels dissous générés par les établissements industriels implantés en amont de cette station.

6. Demande biochimique en oxygène (DBO$_5$)

Les résultats enregistrés au cours de nos analyses (voir tableaux.27) montrent que les valeurs de DBO$_5$ mesurées sont comprises dans la fourchette de 12,25 à 114,3 mg/l. Toutes les valeurs de DBO$_5$ trouvées dépassent largement la norme (10 mg/l).

Globalement les concentrations en DBO$_5$ diminuent de la 1ere station à la 2ème puis elles augmentent de la 2ème à la 4ème et cela pour le 2ème et les trois derniers prélèvements. Par ailleurs, on a remarqué une augmentation graduelle de la concentration en DBO$_5$ de la 1ere à la dernière station.

En fait, ces valeurs élevées sont dues au volume important d'eaux usées domestiques déversées par chaque commune ainsi qu'aux effluents des établissements industriels. Enfin, les valeurs les plus élevées ont été enregistrées au sein de la 4ème station cela pourrait être liée essentiellement au volume élevé des eaux usées domestiques et industrielles, principalement les industries à caractère agroalimentaire (l'industrie des corps gras CO.G.B…etc.).

7. Demande chimique en oxygène

La DCO est un autre paramètre qui nous permet d'évaluer d'une manière plus claire la quantité des matières organiques biodégradables et non biodégradables.

Les résultats d'analyses illustrés dans le tableau.26 présentent des teneurs en DCO variant entre 44,8 et 196,56 mg/l. Ces dernières dépassent largement la norme (40 mg/l).

Généralement la variation de la teneur en DCO montre une diminution de la 1er à la 2ème station puis une augmentation de la 2ème à la 4ème à l'exception les résultats obtenus lors du 3ème prélèvement où on a remarqué une augmentation de la 1ere à la 2ème station ensuite une diminution de la 2ème à la $3^{éme}$, puis elle augmente jusqu'à la dernière station.

En fait, les concentrations les plus élevées en DCO ont été enregistrées au niveau de la 1ere et de la 4^{éme} station où on a obtenu des valeurs dépassant 100 mg/l. Les valeurs élevées de la DCO pourraient être imputées à la charge élevée en matières organiques des eaux usées domestiques et aux effluents des unités industrielles déversées en amont de ces stations.

8. Matières en suspensions (MES)

D'après les résultats présentés tableau.28, les teneurs en (M.E.S) sont comprises entre 5 et 198,66 mg/l. La plupart de ces teneurs ne répondent pas à la norme requise (30mg/l).

Globalement la variation de la teneur en (M.E.S) présente une diminution de la 1ère à la 2ème station puis une augmentation graduelle de la 2ème à la 4ème station. En effet, la teneur des matières en suspension est liée à la nature du terrain traversé et à la composition des rejets déversés.

Par ailleurs, les concentrations les plus élevées ont été enregistrées au niveau de la 1ère station suite à la nature argileuse du terrain ainsi qu'à la déformation du lit de l'oued au niveau de cette station (S1) qui est causée par les nombreux points d'extraction du sable.

9. Nitrates

D'après les résultats de tableau.29, on remarque que la concentration en nitrates varie entre 21,42 à 126,09 mg/l. La majorité des valeurs trouvées dépassent la norme (44 mg/l).

Globalement, on a remarqué une augmentation en nitrates du 1er au 6ème prélèvement et cela pour toutes les stations en raison de la diminution du débit de l'oued. Contrairement à la 3ème station, où on a enregistré des fluctuations en concentrations.

Lors des six prélèvements effectués on a signalé une augmentation en concentrations de la 1^{ere}à la dernière station avec des valeurs plus élevées au niveau de la 4ème station. Ceci, est probablement dû au volume important des eaux usées et aux rejets déversés par certaines industries à l'embouchure de l'oued.

10. Nitrites

Les résultats des analyses, rapportés dans le tableau.30, montrent que les concentrations en nitrites varient de 0,12 à 1,82 mg/l. Par conséquent ces valeurs sont plus ou moins conformes à la norme (1 mg/l).

En effet, on a signalé d'une part une augmentation des teneurs en nitrite, du 1^{er}au dernier prélèvement dans les différentes stations. Cette augmentation en nitrites pourrait être due essentiellement au volume élevé des eaux usées déversées par chaque agglomération, à l'augmentation de la température qui favorise le fonctionnement des bactéries réductrices d'azote (azote organique, nitrate, azote ammoniacal) ainsi qu'à la diminution du débit de l'oued.

D'autre part une diminution de la teneur en nitrites est observée de la 1ere à la 2^{ème}station ensuite une augmentation de la 2ème à la 4ème station pour les différents prélèvements à l'exception du 1er prélèvement où on a constaté une augmentation de la concentration en nitrites de la 1ere station à la dernière station.

Les teneurs élevées en nitrites sont obtenues lors des 3ème, 4^{ème}et le 5ème prélèvements au niveau de la 1ere station.

L'importance de ces teneurs est probablement due à l'intensité des rejets domestiques, aux effluents des unités industrielles de laiteries qui renferment plus de 30 mg/l d'azote [32] telles que les laiteries implantés en amont de cette station.

11. Azote ammoniacal

D'après les résultats illustrés dans le tableau.34, on remarque que les teneurs en azote ammoniacal varient de 0,05 à 2,1 mg/l. Ces valeurs répondent à la norme exigée (2 mg/l) à l'exception de celles enregistrées au niveau de la 1ère et de la 2ème station lors du 2ème et du 5ème prélèvement.

Par ailleurs, les concentrations en azote ammoniacal trouvées augmentent graduellement de la 1ère jusqu'à la dernière station pour tous les prélèvements sauf le 2ème prélèvement où on a remarqué une diminution graduelle.

Les concentrations en azote ammoniacal les plus importantes ont été enregistrées lors du 2ème prélèvement au niveau des deux premières stations. Cela peut être dû aux rejets urbains, (l'homme élimine 15 à 30 g d'urée par jours) [36] ainsi qu'aux matières végétales des cours d'eau.

12. Sulfates

Les concentrations en sulfates présentées dans le tableau.32 varient entre 248 et 1300 mg/l, la plus part de ces concentrations ne sont pas conformes à la norme (250 mg/l). En fait, ces teneurs élevées en sulfates enregistrées peuvent être attribuées aux rejets industriels en particulier les effluents d'industrie textile pouvant engendrer plus de 970 mg/l en sulfate

[20]. La nature du terrain traversé joue aussi un rôle important dans l'élévation de la teneur en sulfate ainsi que le temps de contact avec les roches.

Par conséquent, la teneur en sulfate diminue de la 1ère à la 2ème station puis elle augmente graduellement à la 3ème et la dernière station et cela pour le 2ème, 3ème, 4ème et 5ème prélèvement. Par contre lors du 1er et du 6ème prélèvement on a remarqué une augmentation progressive de la teneur en sulfate de la 1ère jusqu'à la 4ème station. Cette augmentation de la concentration en sulfate à partir de la 3ème station est due aux rejets de l'unité industrielle de textile implantée à l'amont de cette station (S3).

Les concentrations les plus importantes sont enregistrées au niveau de la 4ème station lors des six prélèvements, et cela en raison de l'accumulation des sulfates d'une station à une autre ainsi qu'à l'intensité des rejets industriels.

13. Chlorures

Les résultats d'analyse illustrés dans le tableau.33 montrent que les teneurs en chlorures sont comprises dans la fourchette de 352,78 et 4331 mg/l. Ces valeurs dépassent largement la norme (250 mg/l).

Globalement, les concentrations en chlorures diminuent de la 1ère à la 2ème station puis elles augmentent de la 2ème à la 4ème station, ceci pourrait être lié aux eaux usées urbaines déversées par chaque commune. A titre indicatif chaque personne est responsable d'un apport d'environ 6 g d'ions Cl$^-$ par jour [35]. Concernant les valeurs élevées enregistrées à la 4ème station lors des six prélèvements elles peuvent être attribuées aux eaux de mer.

14. Phosphates

Les teneurs en phosphates des différents prélèvements au niveau de chaque station rapportée dans le tableau.31 sont comprises dans la fourchette de 0,025 à 0,69 mg/l. Ces résultats sont conformes à la norme (0,7 mg/l).

15. Fer

Les concentrations en fer mesurées au cours de nos prélèvements sont inférieures à 15 mg/l (voir tableau.35). Cependant, plus de la moitié de ces concentrations sont conformes à la norme (1,5 mg/l).

En fait, lors des six prélèvements une diminution remarquable de la concentration en fer a été observée au niveau de la 1ère à la 3ème station puis une augmentation de la concentration enregistrée de la 3eme à la 4ème station.

Les teneurs en fer les plus élevées enregistrées au niveau de la 1ère station, peuvent être dues au lessivage des dépôts d'ordures jonchant le bord de cette station ainsi qu'aux rejets industriels.

16. Zinc

D'après les résultats rapportés dans le tableau.37, on remarque que les teneurs en zinc sont comprises dans la fourchette de 0 à 0,97 mg/l. Ces concentrations sont conformes à la norme (5 mg/l).

17. Cadmium

Les concentrations en cadmium obtenues varient entre 0,0081 et 0,0265 mg/l. Ces concentrations sont inférieures à la norme (0,05 mg/l).

18. Cuivre

D'après les résultats portés dans le tableau.36 on remarque que les concentrations en cuivre varient entre 0,13 et 0,29 mg/l. Ces concentrations en cuivre sont conformes à la norme (1 mg/l).

19. Plomb

On a noté l'inexistence du plomb dans toutes les stations et cela lors des six prélèvements effectués.

20. Nickel

On a noté l'inexistence du Nickel dans toutes les stations et cela lors des six prélèvements effectués

CONCLUSION

Au terme de ce travail les conclusions suivantes sont tirées :

1. Le bassin de la Soummam occupe une surface très importante de l'ordre de 8800 km^2. Le régime climatique du bassin est de type méditerranéen caractérisé par un hiver pluvieux et un été chaud, avec une précipitation moyenne annuelle de l'ordre de 680 mm en 2002.

2. Le débit moyen de l'oued est estimé à 25 m^3/s environ, son bassin versant est le siège de crues violentes causées principalement par le défraichissement des terres agricoles ainsi qu'à l'extraction intensive de sable tout le long de l'oued.

3. Les sources de pollution de l'oued sont nombreuses on compte 05 établissements industriels polluants et 33 stations lavage graissage, 58 huileries, 26 décharges non contrôlées. A cela s'ajoute un volume important d'eau usée domestique déversé par les communes de la vallée qui est de 29810 m^3/j.

4. La caractérisation physico-chimique a révélé que l'eau de l'oued Soummam au niveau des quatre stations étudiées présente une pollution accrue et la majorité des paramètres mesurés ne sont pas conformes aux normes exigées.

5. L'oued Soummam subit une pollution beaucoup plus organique suite au volume important des eaux usées urbaines et industrielles déversées en son sein. On signale aussi l'inexistence de métaux dans l'eau des quatre stations lors de nos prélèvements.

6. L'eau de l'oued au niveau des quatre points de prélèvements est inapte à l'usage et constitue une menace sur l'environnement et la santé des riverains.

7. Les résultats d'analyses obtenus montrent que l'eau prélevée au niveau de la 4ème station est la plus affectée et cela en raison des quantités importantes en eaux usées domestiques (18000 m^3/j) ainsi qu'au volume élevé d'effluents industriels déversés en amont de cette station.

www.ingramcontent.com/pod-product-compliance
Lightning Source LLC
Chambersburg PA
CBHW020312220326
41598CB00017BA/1541